U0782365

我的美丽编织
Wo de mei li bian zhi

甜 蜜 情 侣 系

王春燕 著

辽宁科学技术出版社
·沈 阳·

ConTenTs

sweet couple

本书参编人员

编 织：鞠少娟 张福利 李博爱 李万春 王秀芹 王学增 周士珍 金虹

工 艺：李晶晶 刘志鑫 王春耕 王俊萍 张冬秀 张冬喜 张秀云 张森

摄 影：周志春 颜明峰

制 作：张卫华 曾玲梓 李艳红

统 筹：李亚林 闫晓刚 张可平 彭永辉 潘世源

鸣谢志尚摄影工作室

E-mail：zsimage@163.com

法式海浪边短裙

fa shi hai lang bian duan qun

编织见...P72

双层领男装

shuang ceng ling nan zhuang

编织见...P74

列兵上装

lie bing shang zhuang

编织见…P76

sweet couple

韩潮活袖高领衫

han chao huo xiu gao ling shan

编织见…P80

sweet couple

sweet couple

sweet couple

温情男上衣

wen qing nan shang yi

编织见...P86

皮草叠领高腰上衣

pi cao die ling gao yao shang yi

编织见...P88

皮草领男装

pi cao ling nan zhuang

编织见...P90

sweet couple

长方形背心

chang fang xing bei xin

编织见...P92

直袖套头衫
zhi xiu tao tou shan

编织见...P94

编织见...P96

皮草短披肩

pi cao duan pi jian

编织见...P98

编织见...P102

小荷尖尖连衣裙

xiao he jian jian lian yi qun

编织见...P104

平摆套头毛衫

ping bai tao tou mao shan

编织见...P106

皮草收腰短上衣

pi cao shou yao duan shang yi

编织见…P110

男式多变披风

编织见...P112

sweet couple

sweet couple

创意围巾披肩

chuang yi wei jin pi jian

编织见...P114

时尚多用围巾
shi shang duo yong wei jin
编织见...P116

多用韩风披肩
duo yong han feng pi jian
编织见...P118

韩式直角背心

han shi zhi jiao bei xin

编织见...P120

sweet couple

劲酷皮草开衣

jin ku pi cao kai yi

编织见...P124

直门襟披肩

zhi men jin pi jian

编织见...P126

编织见...P126

双排扣韩式短袖衫

shuang pai kou han shi duan xiu shan

编织见...P128

格子搭领男装

ge zi da ling nan zhuang

编织见…P130

sweet couple

54

英式短上衣

ying shi duan shang yi

编织见...P132

经典英伦毛衣

jing dian ying lun mao yi

编织见...P134

sweet couple

韩式披肩帽衫

han shi pi jian mao shan

编织见...P|36

sweet couple

风尚披肩式外套

feng shang pi jian shi wai tao

编织见...P138

皮草风尚高腰上衣
pi cao feng shang gao yao shang yi
编织见...p140

基础入门

1 棒针持线、持针方法

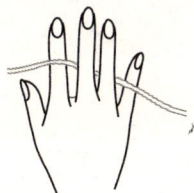

2 棒针双针双线起针方法

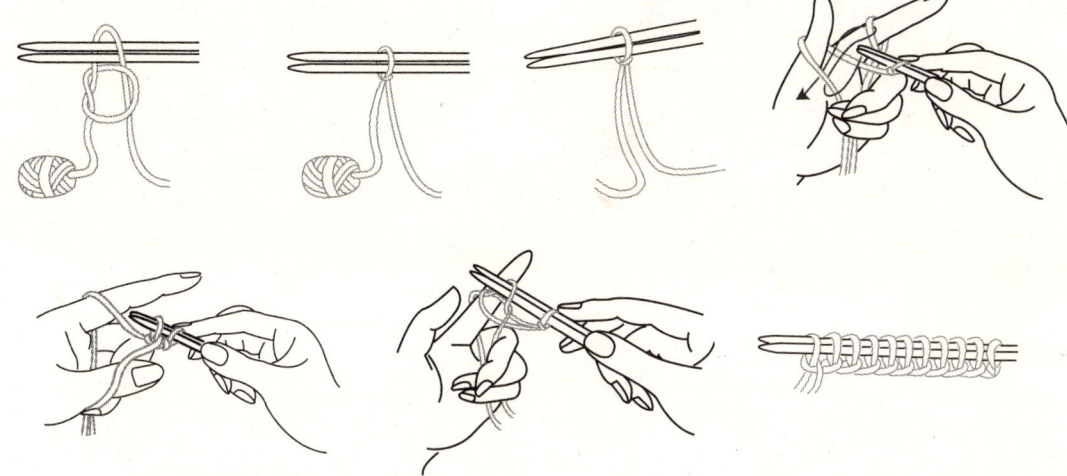

3 棒针绕线起针方法

4 钩针配合棒针起针方法

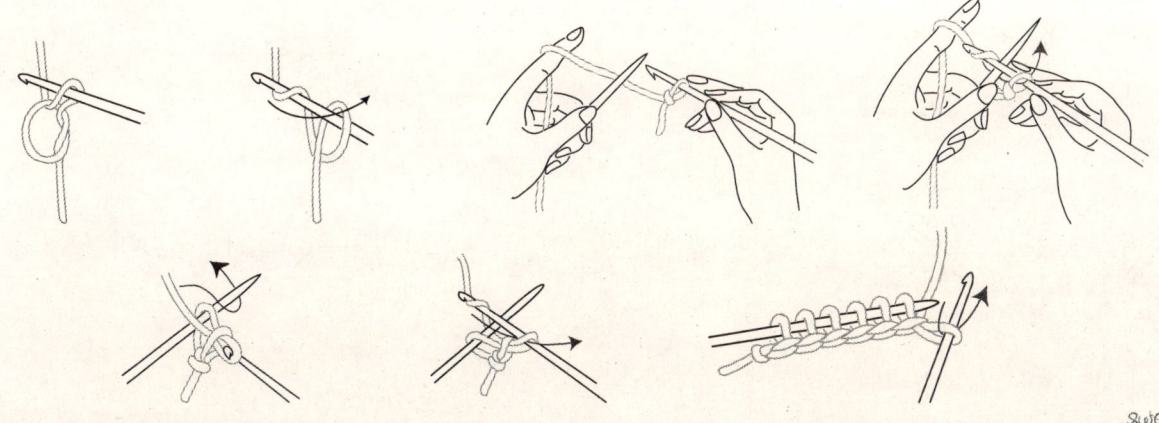

5 单罗纹起针方法（机械边）

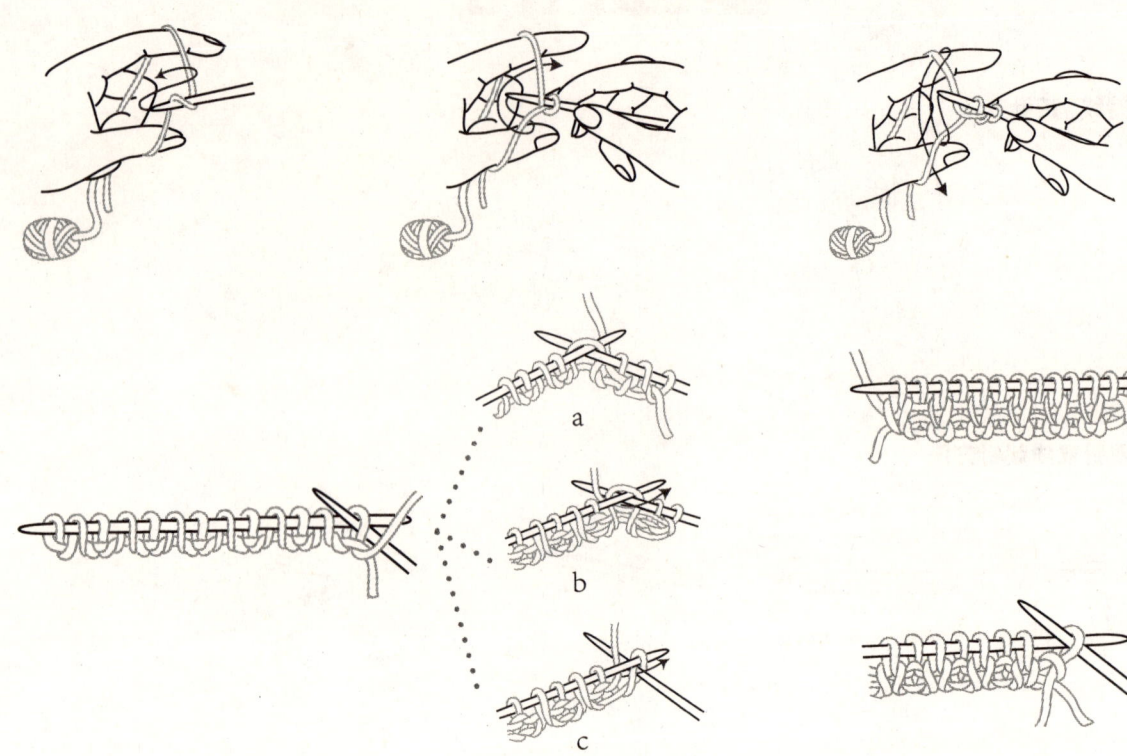

a

b

c

6 单罗纹变双罗纹方法

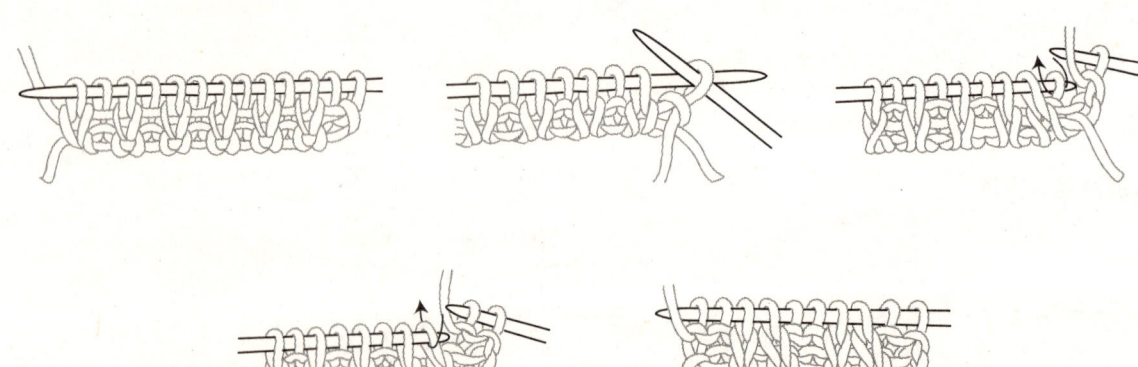

7 直针用法

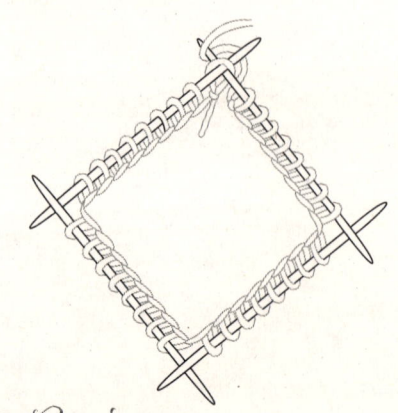

8 环形针用法

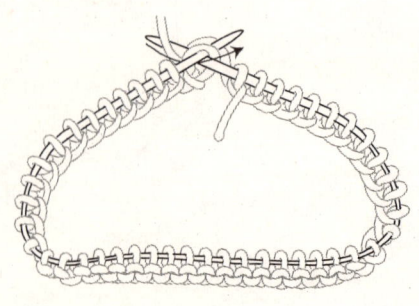

钩针符号及编织方法

🌸 **1** 钩针持线、持针方法

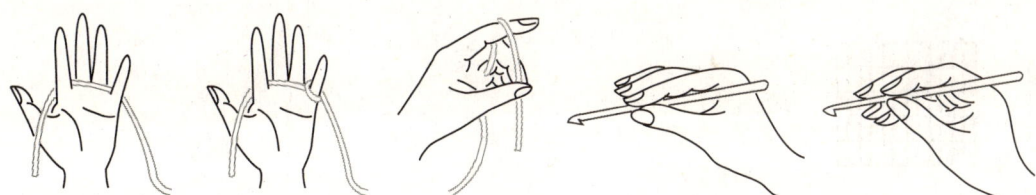

🌸 **2** 钩针起针方法（小辫针）

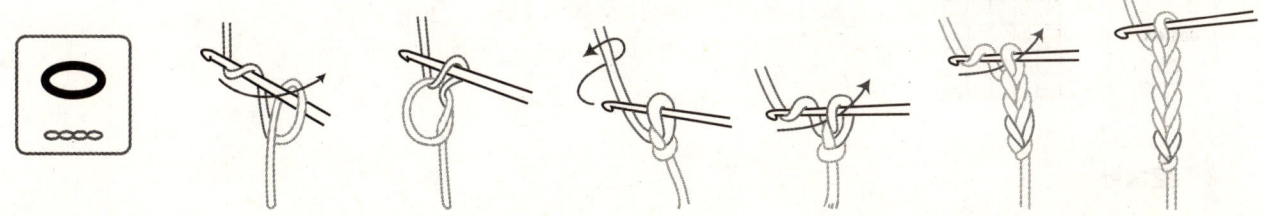

🌸 **3** 短针

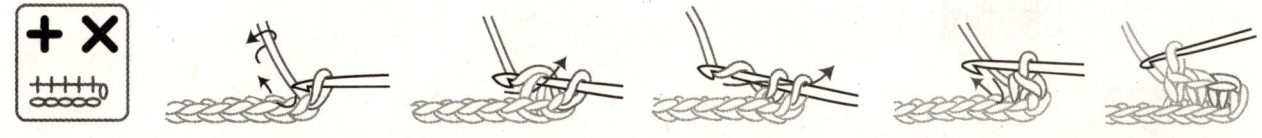

🌸 **4** 中长针

🌸 **5** 长针

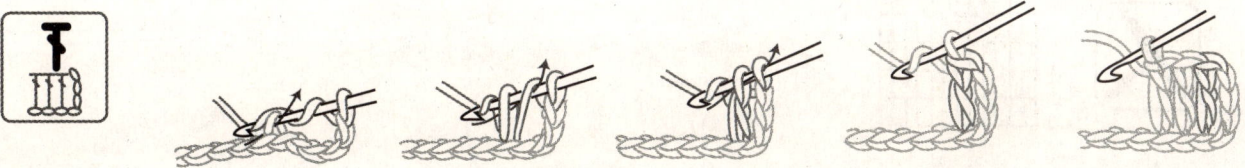

🌸 **6** 长长针

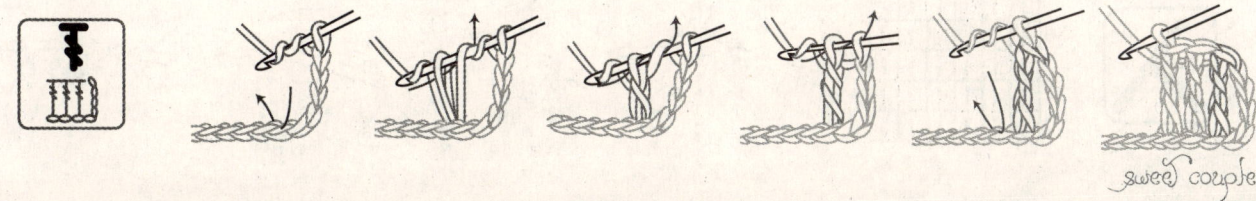

sweet couple

棒针编织符号及编织方法

1 正针

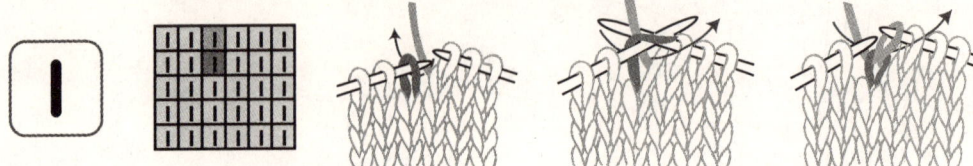

2 反针

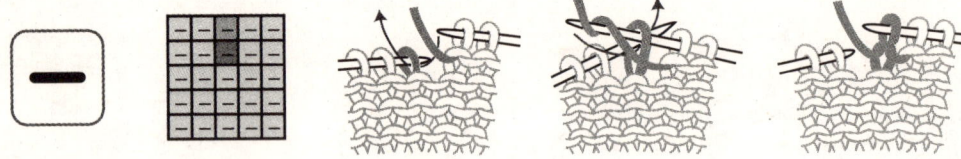

3 空加针

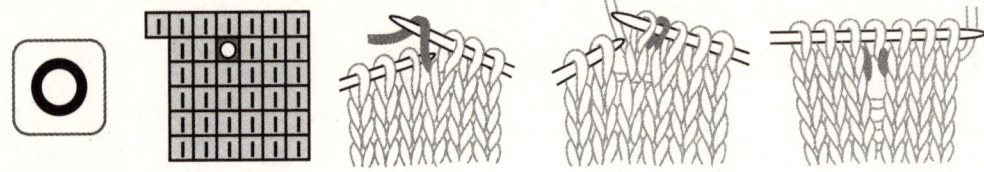

4 拧加针

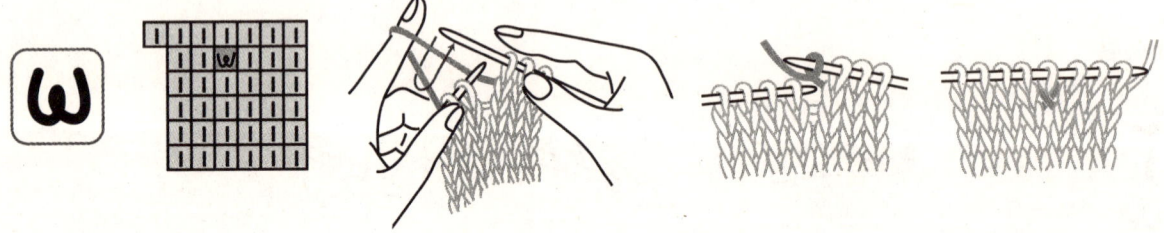

5 左在上并针

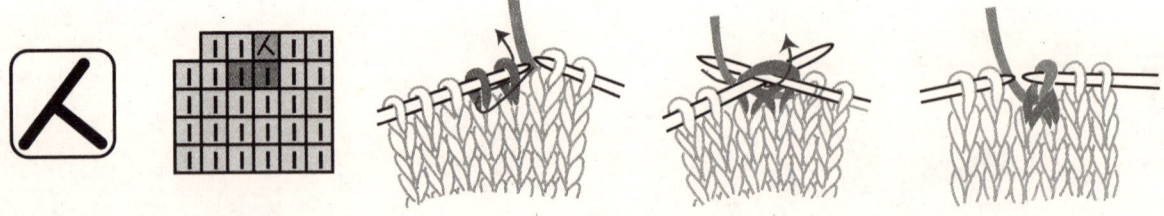

6 右在上并针

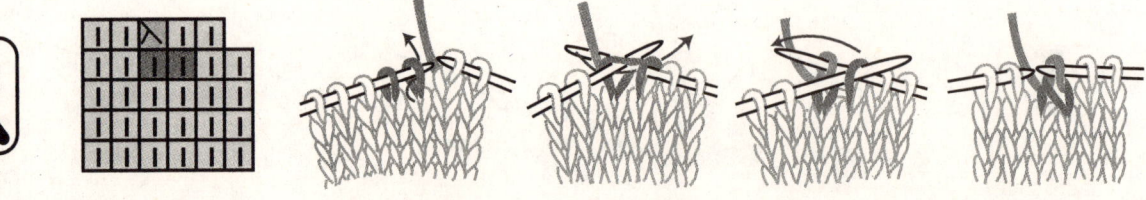

7 反针左在上2针并1针

 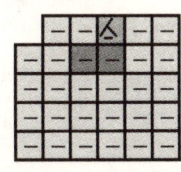 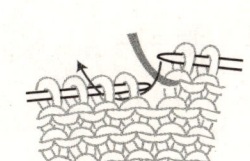 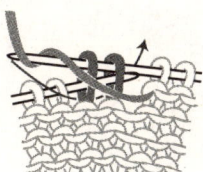 

8 反针右在上2针并1针

 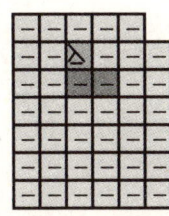 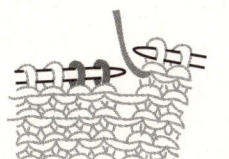   

9 左在上3针并1针

 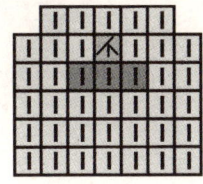 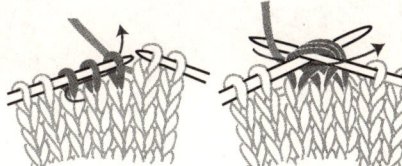  

10 右在上3针并1针

 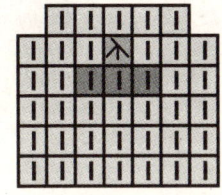 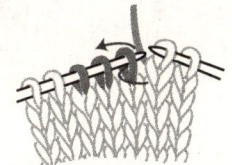 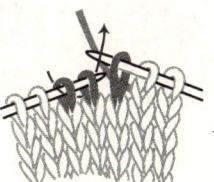  

11 中在上3针并1针

 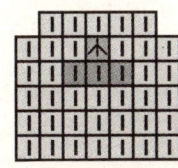 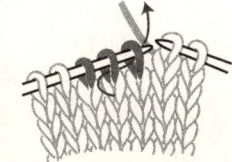  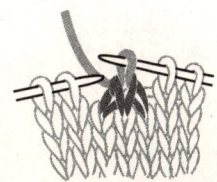

12 反针中在上3针并1针

 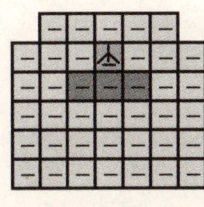 

sweet couple

13 挑针

 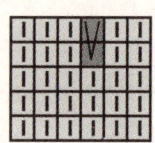 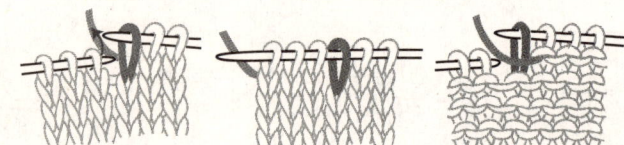

14 拧针

 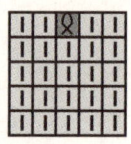    

15 左在上交叉针

 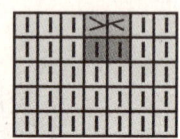 

16 右在上交叉针

 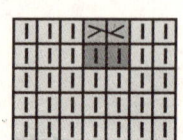 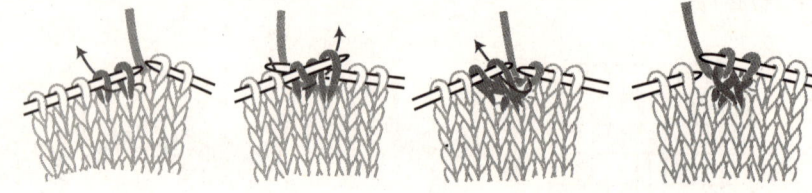

17 四麻花针右拧

 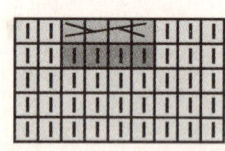 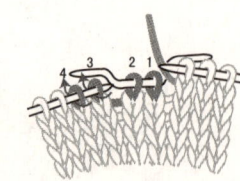 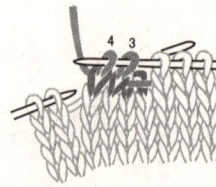 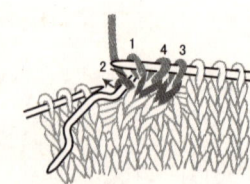 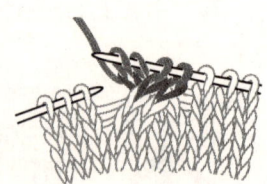

18 四麻花针左拧

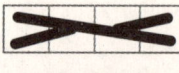 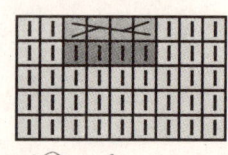 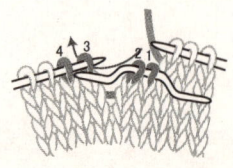 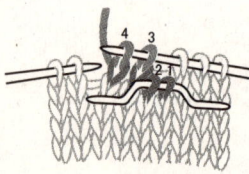 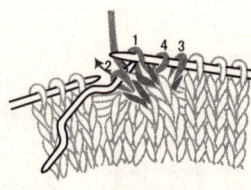 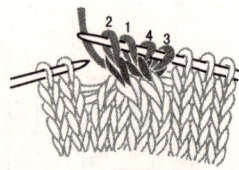

编织技巧

1 收平边

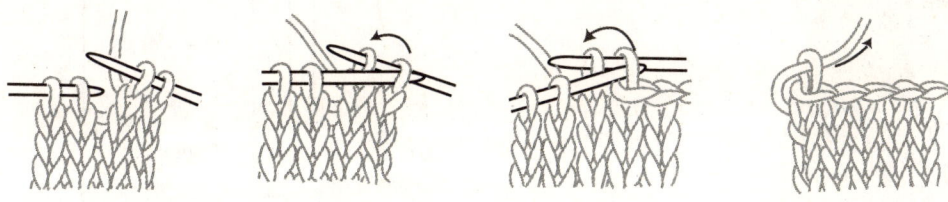

2 代针方法

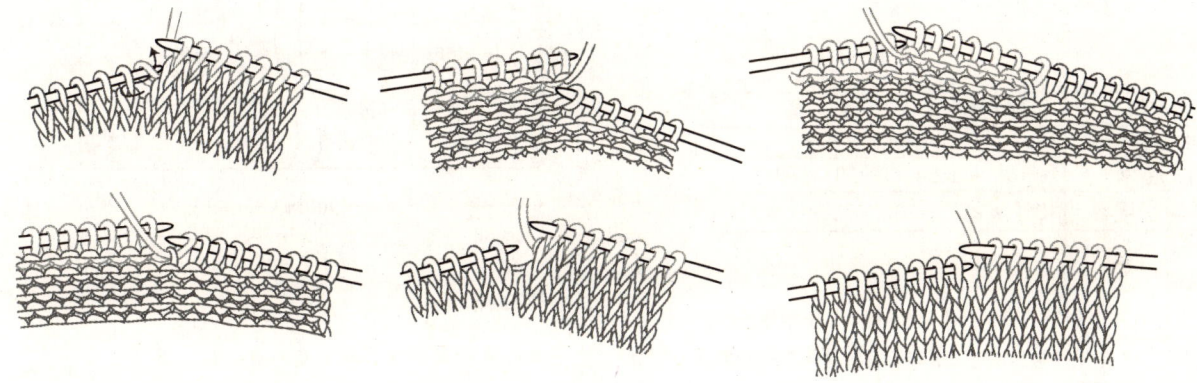

3 侧面加针和织挑针方法

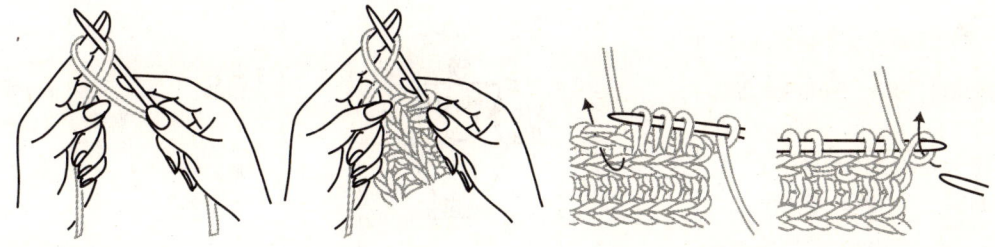

4 扣眼织法   **5** 小绳钩法

6 挑针织法

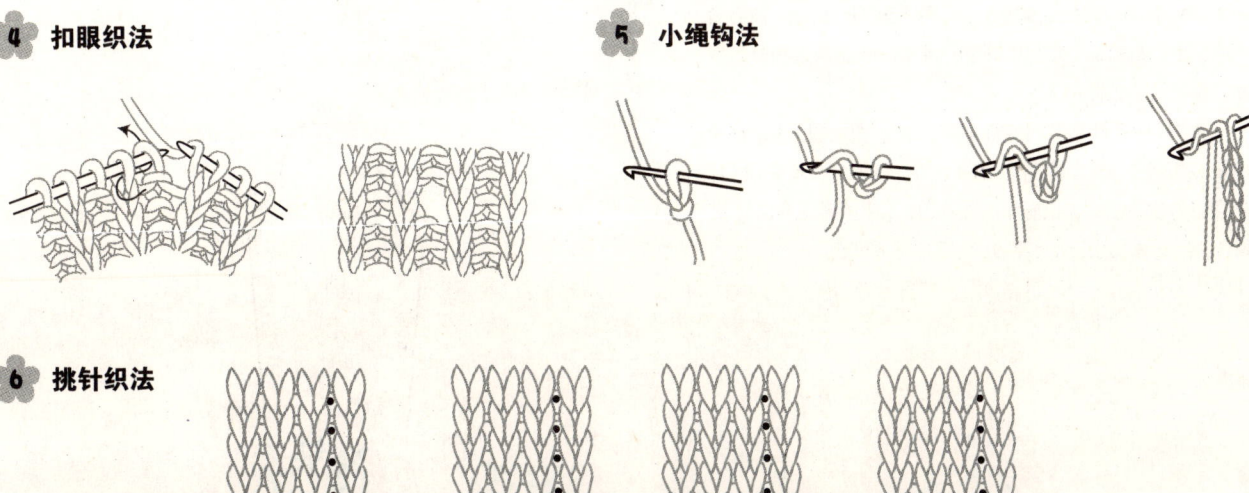

法式海浪边短裙

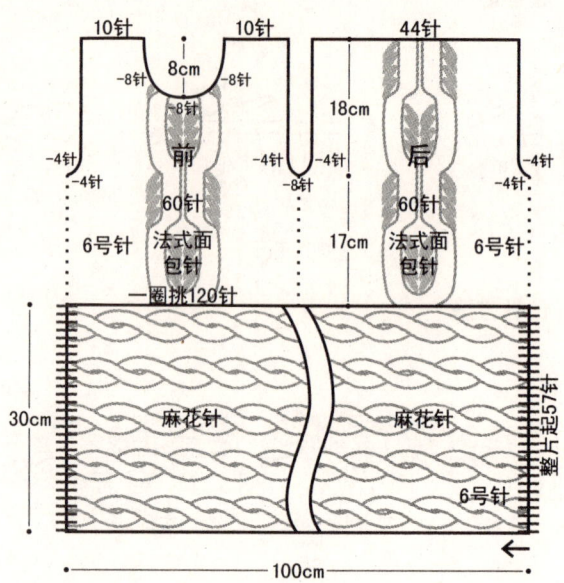

一圈挑120针

材　料	用量（克）	工　具
275规格纯毛粗线	550	6号针、8号针
尺寸（厘米）	衣长65 袖长54 胸围63 肩宽23	
平均密度	19针×25行＝10cm²范围内	

编织简述

　　首先起针往返织裙下摆片，对头缝合后，从上沿挑针环形向上织正身。先减袖窿后减领口，前后肩头缝合后挑织领子；袖口起针后环形向上织，统一减针后形成喇叭袖效果，同时在袖腋处规律加针至腋下，减袖山后余针平收，与正身整齐缝合。

编织步骤

§1. 用6号针起57针按排花往返织裙下摆片，至100厘米后对头缝合形成环状。

§2. 从裙下摆的上沿挑出120针，按排花环形向上织正身，至17厘米时减袖窿，①平收腋正中8针，②隔1行减1针减4次。

§3. 距后脖8厘米时减领口，①平收领正中8针，②隔1行减3针减1次，③隔1行减2针减2次，④隔1行减1针减1次。前后肩头缝合后，从领口处挑出80针用8号针环形织8厘米拧针双罗纹后收机械边形成领子。

§4. 袖口用6号针起60针按排花环向上织10厘米后，均匀减至32针改织正针，同时在袖腋处隔11行加1次针，每次加2针，共加7次，总长至42厘米时减袖山，①平收腋正中8针，②隔1行减1针减13次，余针平收，与正身整齐缝合。

裙摆排花：

	8	4	8	4	8	4	8	4	8	1	
底边	麻花针	反针	麻花针	反针	麻花针	反针	麻花针	反针	麻花针	正针	挑正身处

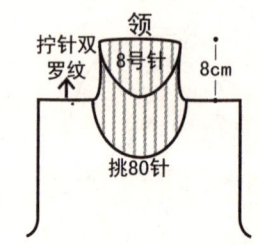

拧针双罗纹
领
8号针
8cm
挑80针

Tips

　　注意裙下摆的麻花针不必织得过紧，以保持裙摆的足够弹性。

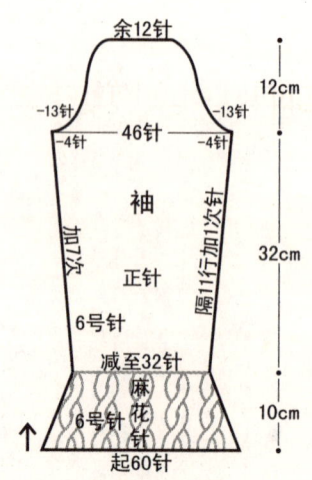

余12针
12cm
-13针　46针　-13针
-4针　　　　　-4针
袖
正针
6号针
隔11行加1次针
32cm
减至32针
麻花针
6号针
10cm
起60针

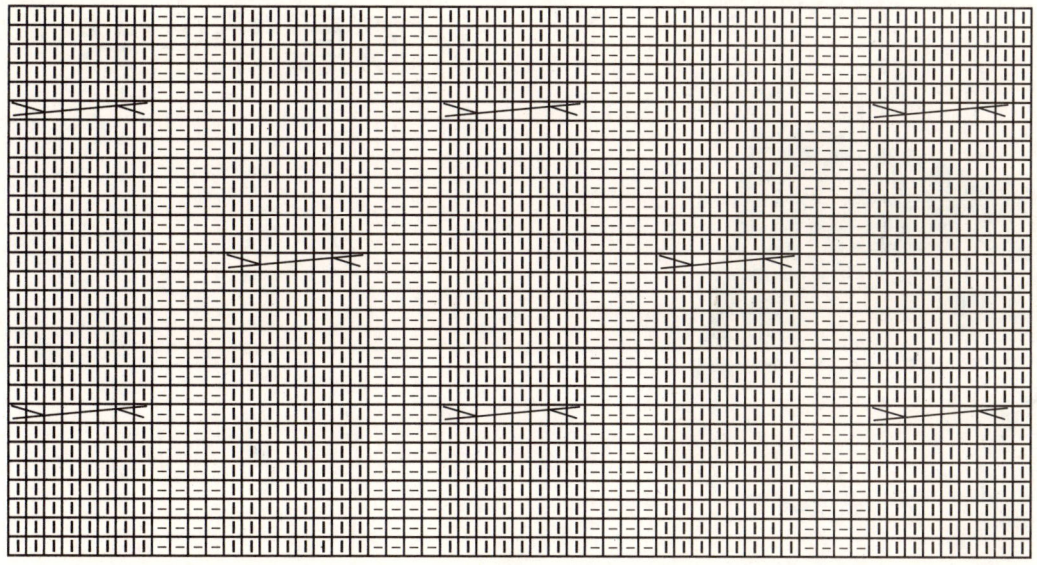

裙摆麻花

正身排花：

拧针双罗纹

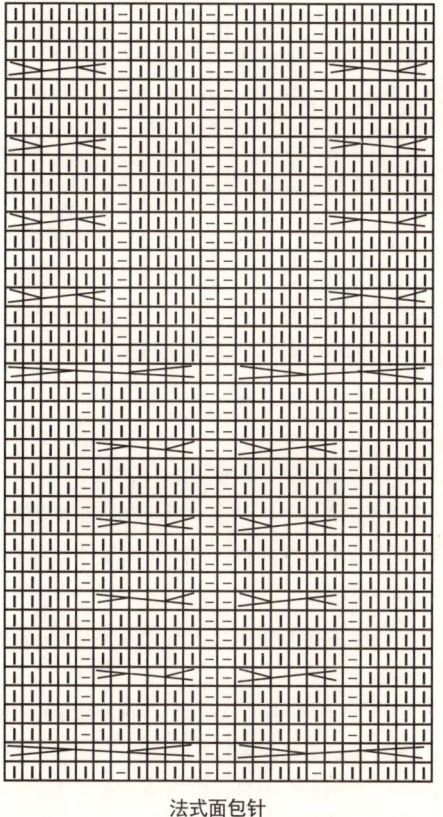

法式面包针

1	24	1
反针	法式面包针	反针

34		34
正针		正针

1	24	1
反针	法式面包针	反针

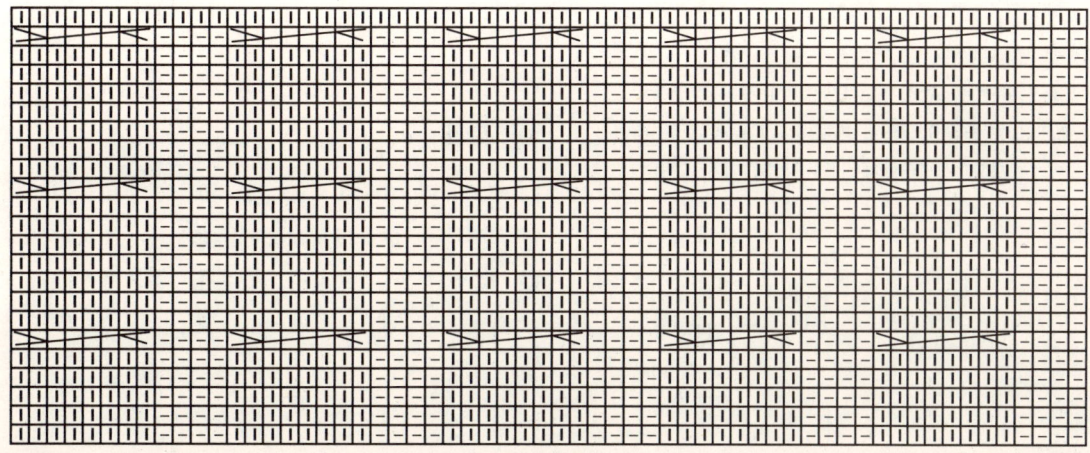

袖口麻花

sweet couple

P8

双层领男装

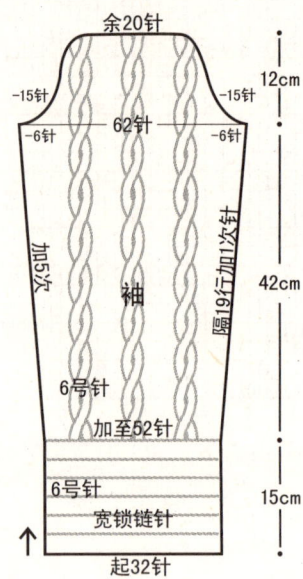

余20针

-15针　　62针　　-15针　12cm

-6针　　　　　-6针

袖

隔19行加1次针

42cm

6号针

加至52针

6号针

宽锁链针　15cm

↑

起32针

材　料	用量（克）	工　具
278规格纯毛粗线	700	6号针、8号针
尺寸（厘米）	衣长60　袖长69　胸围93　肩宽36	
平均密度	21针 × 25行 = 10cm² 范围内	

编织简述

从下摆起针后按花纹环形向上织，先重叠挑织领底后减袖窿，减领口后缝合前后肩头，领片完成后内折缝合形成双层领；袖口起针后环形向上织，同时在袖腋处规律加针至腋下，减袖山后余针平收，与正身整齐缝合。

编织步骤

§1. 用8号针起196针环形织3厘米拧针双罗纹。

§2. 换6号针按排花环形织29厘米后，取前片正中的12针改织宽锁链针，并以此为界往返织片，同时在其背面重叠挑出12针依然织宽锁链针。

§3. 总长至38厘米时减袖窿，①平收腋正中12针，②隔1行减1针减5次。

§4. 距后脖8厘米时减领口，①平留12针门襟，②在门襟的外侧隔1行减3针减1次，③隔1行减2针减1次，④隔1行减1针减1次。前后肩头缝合后，从领口处挑出64针，与左右门襟各12针合成88针按排花往返织26厘米领片后，内折与挑领边处缝合形成双层领。

§5. 袖口用6号针起32针环形织15厘米宽锁链针后，统一加至52针按排花环形向上织，同时在袖腋处隔19行加1次针，每次加2针，共加5次，总长至57厘米时减袖山，①平收腋正中12针，②隔1行减1针减15次，余针平收，与正身整齐缝合。

袖子排花：

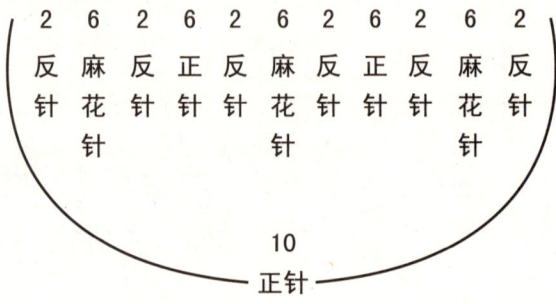

2	6	2	6	2	6	2	6	2	6	2
反针	麻花	反针	正针	反针	麻花	反针	正针	反针	麻花	反针
	针				针				针	

10

正针

领

26cm

6号针

共88针

Tips

织领片时注意花纹在外，相应长后内折缝合形成双层领。

领子排花：

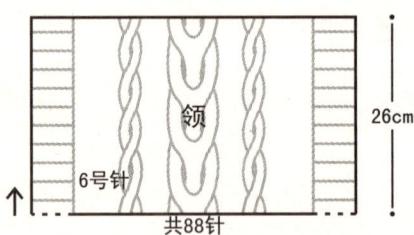

12	12	1	6	7	12	7	6	1	12	12
宽锁链针	正针	反针	麻花针	反针	对拧麻花针	反针	麻花针	反针	正针	宽锁链针

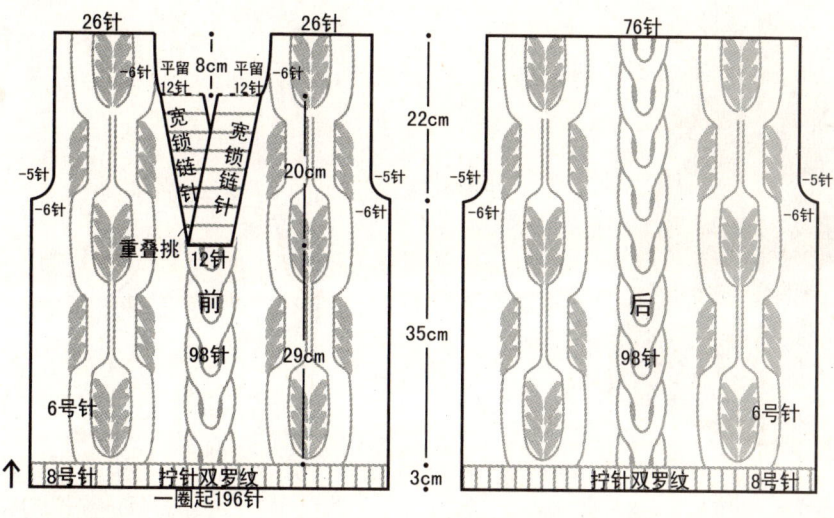

正身排花:

	1	24	7	12	7	24	1	
	反针	法式面包针	反针	对拧麻花针	反针	法式面包针	反针	
22 正针								22 正针
	1	24	7	12	7	24	1	
	反针	法式面包针	反针	对拧麻花针	反针	法式面包针	反针	

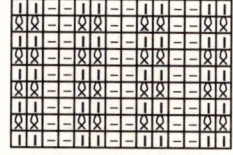

拧针双罗纹

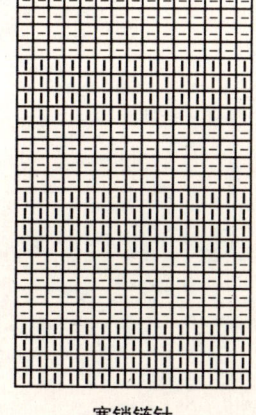

宽锁链针

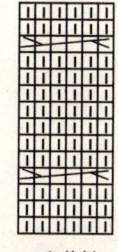

6麻花针

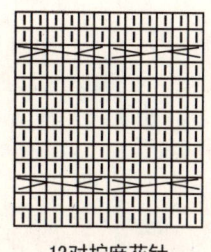

12对拧麻花针

法式面包针

sweet couple

列兵上装

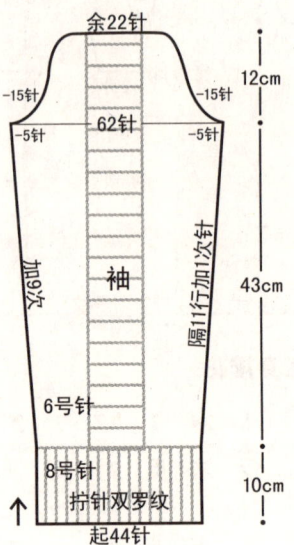

余22针

−15针 −15针 12cm

62针

−5针 −5针

袖山6寸

袖

隔11行加1次针

6号针

8号针
拧针双罗纹

起44针

43cm

10cm

袖子排花：

15
宽
锁
链
针

29
正针

材　料	用量（克）	工　具
278规格纯毛粗线	650	6号针、8号针
尺寸（厘米）	衣长62 袖长65 胸围96 肩宽37	
平均密度	20针 × 25行 = 10cm² 范围内	

编织简述

　　从下摆起针后环形按花纹向上织，先减袖窿后减领口，前后肩头缝合后挑织领子；袖口起针后环形向上织，同时在袖腋处规律加针至腋下，减袖山后余针平收，与正身整齐缝合。

编织步骤

§1. 用8号针起192针环形织10厘米拧针双罗纹。

§2. 换6号针按排花向上环形织20厘米后改织10厘米正针，总长至40厘米时减袖窿，①平收腋正中10针，②隔1行减1针减6次。距后脖20厘米时，肩部改织17针宽锁链针。

§3. 距后脖8厘米时减领口，①平收领正中12针，②隔1行减3针减1次，③隔1行减2针减2次，④隔1行减1针减1次。前后肩头缝合后，从领口挑出92针用8号针环形织10厘米拧双罗纹后收机械边。

§4. 袖口用8号针起44针环形织10厘米拧针双罗纹后换6号针按排花向上织，同时在袖腋处隔11行加1次针，每次加2针，共加9次，总长至53厘米时减袖山，①平收腋正中10针，②隔1行减1针减15针，余针平收，与正身整齐缝合。

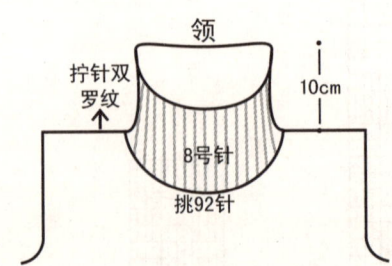

领

拧针双
罗纹

8号针

挑92针

10cm

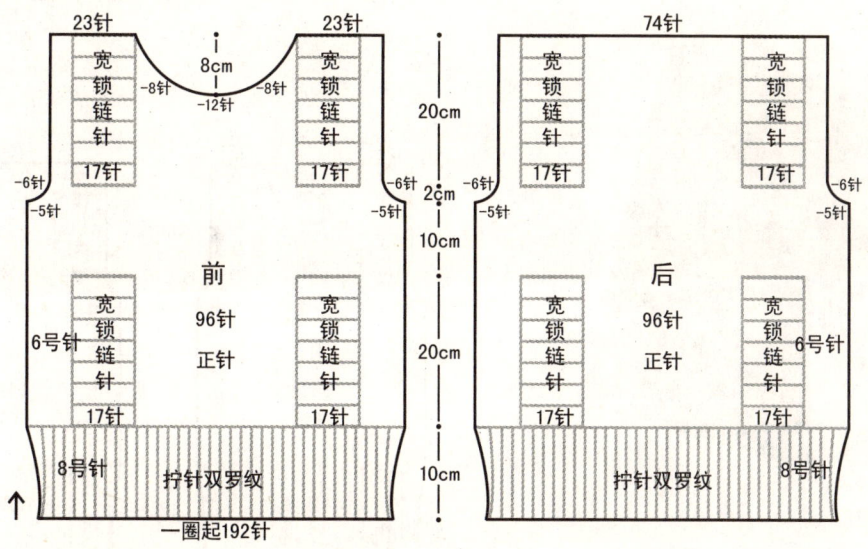

23针　　　　　23针　　　　　　74针

宽锁链针 -8针　8cm　-8针 宽锁链针 -12针 17针 -6针 -5针

宽　　　　　宽
锁　　　　　锁
链　　　　　链
针　　　　　针

17针　　　　　17针

20cm

2cm
10cm

-6针　-6针
-5针　-5针

前
96针
正针

宽　　　　　宽
锁　　　　　锁
链　　　　　链
针　　　　　针

6号针 17针　　　　　17针

后
96针
正针

宽　　　　　宽
锁　　　　　锁
链　　　　　链
针　　　　　针

6号针 17针　　　　　17针

20cm

8号针　拧针双罗纹

10cm

拧针双罗纹　8号针

一圈起192针

正身排花：

```
    17    34    17
    宽    正    宽
    锁    针    锁
    链         链
28  针         针  28
正              正
针              针
    17    34    17
    宽    正    宽
    锁    针    锁
    链         链
    针         针
```

Tips

注意肩部的宽
锁链针花纹与下摆
的花纹是平行的。

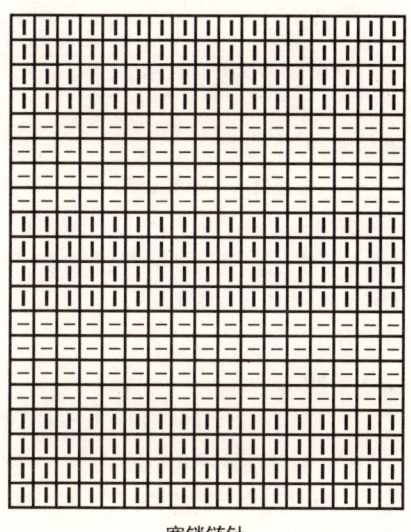

宽锁链针

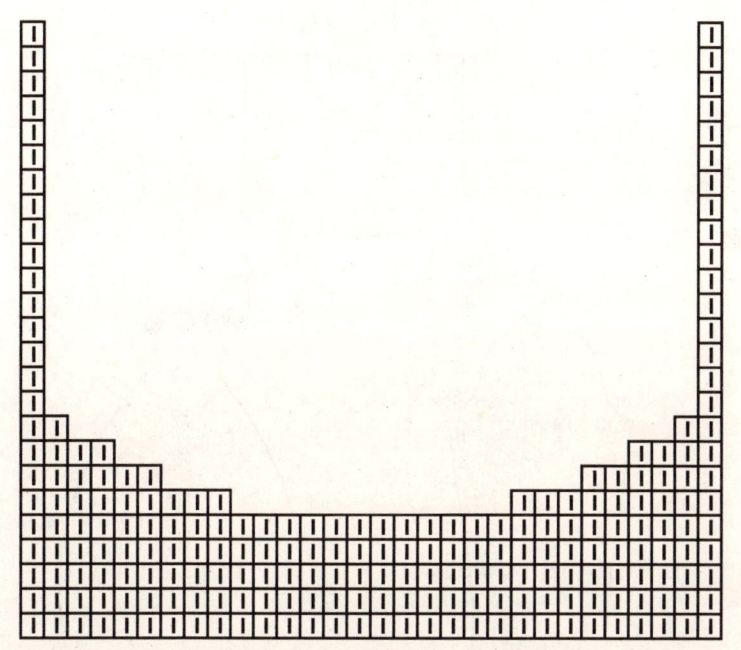

领减针方法

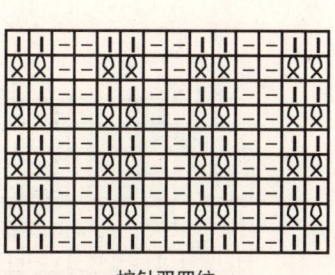

拧针双罗纹

P13

短款高腰猎装

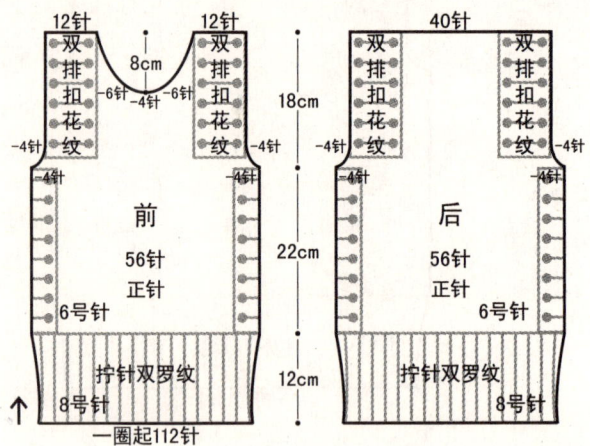

12针 | 8cm | 12针
双排扣花纹 | -6针-4针-6针 | 双排扣花纹
-4针 | | -4针
18cm

40针
双排扣花纹 | 双排扣花纹
-4针 | -4针

-4针 | -4针
前 56针 正针 6号针 | 22cm
后 56针 正针 6号针

拧针双罗纹 8号针 | 12cm
拧针双罗纹 8号针

一圈起112针

材　料	用量（克）	工　具
273规格纯毛粗线	450	6号针、8号针
尺寸（厘米）	衣长52 袖长56 胸围62 肩宽22	
平均密度	18针 × 24行＝10cm²范围内	

编织简述

　　从下摆起针后环形向上织，至腋下后减袖窿，领口后减针。前后肩头等高后缝合，并环形挑织领子；袖口起针后按排花环形向上织，同时在袖腋处规律加针至腋下，减袖山后余针平收，与正身整齐缝合。

编织步骤

§1. 用8号针起112针环形织12厘米拧针双罗纹。

§2. 换6号针按排花向上织，总长至34厘米时减袖窿，①平收腋正中8针，②隔1行减1针减4次。减完袖窿后，左右肩边沿的12针改织双排扣花纹。

§3. 距后脖8厘米时减领口，①平收领正中4针，②隔1行减3针减1次，③隔1行减2针减1次，④隔1行减1针减1次。前后肩头缝合后，从领口处挑出80针用8号针环形织10厘米拧针单罗纹后收机械边形成高领。

§4. 袖口用8号针起34针按排花环形织20厘米后，换6号针改织正针，同时在袖腋处隔9行加1次针，每次加2针，共加6次，总长至44厘米时减袖山，①平收腋正中8针，②隔1行减1针减13次，余针平收，与正身整齐缝合。

正身排花：

44
正针

12 | 44 | 12
双排扣花纹 | 正针 | 双排扣花纹

44
正针

Tips

注意两肋的双排扣花纹在减袖窿时改织正针。

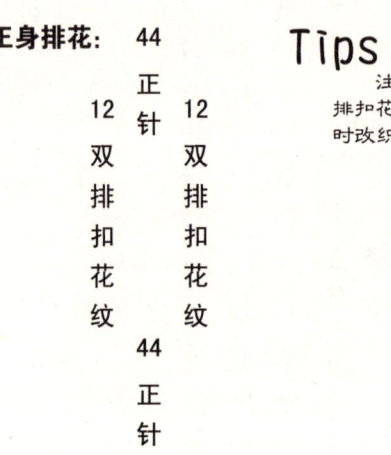

领

拧针单罗纹 | 8号针 | 10cm

挑80针

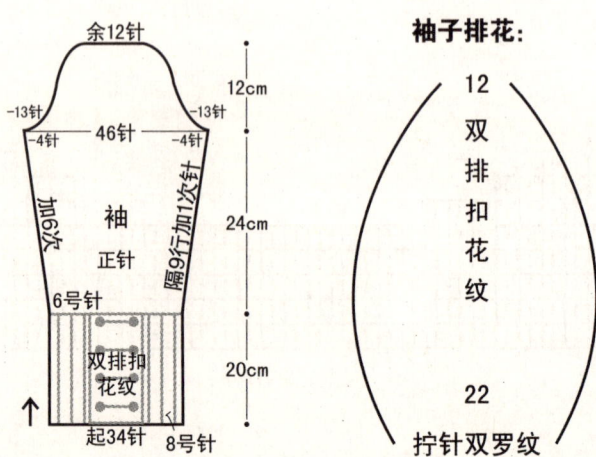

余12针

-13针 | -13针
-4针 | 46针 | -4针

加6次 | 袖 正针 | 隔9行加1次针
6号针

12cm

24cm

双排扣花纹

起34针 | 8号针

20cm

袖子排花：

12
双排扣花纹

22

拧针双罗纹

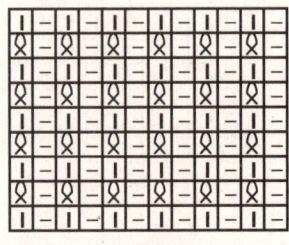

拧针单罗纹

sweet couple

78

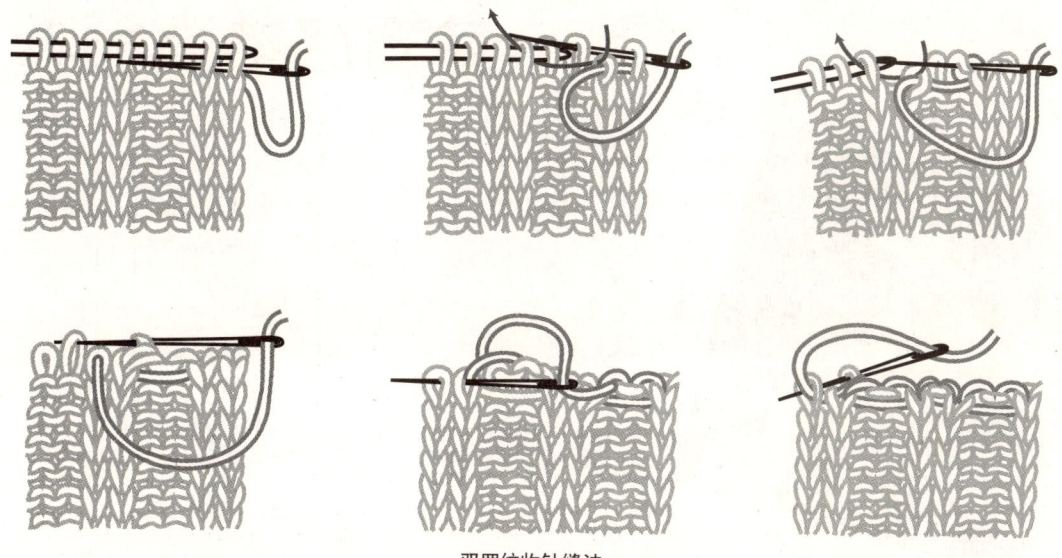

双罗纹收针缝法

拧针双罗纹

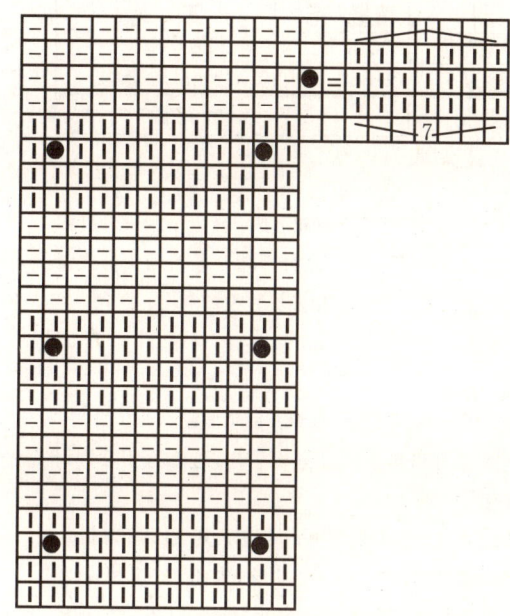

双排扣花纹

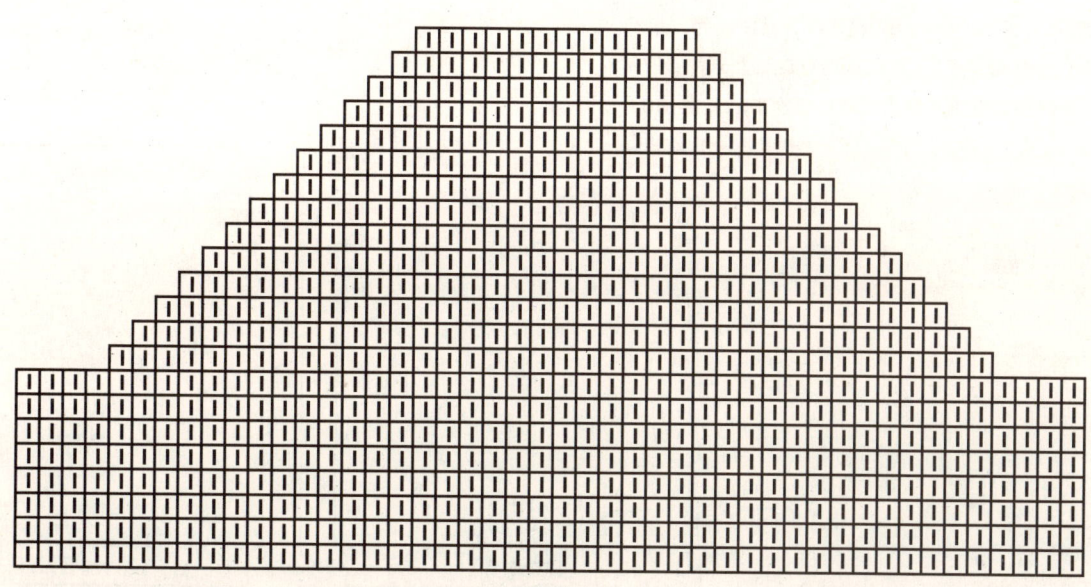

袖山减针

韩潮活袖高领衫

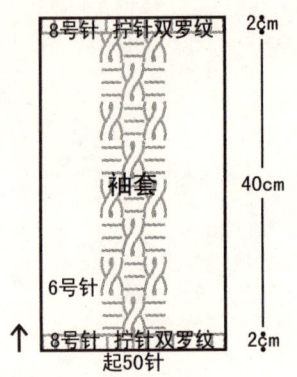

8号针 拧针双罗纹 2cm

袖套 40cm

6号针

8号针 拧针双罗纹 2cm
起50针

袖套排花:

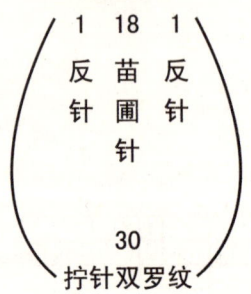

1	18	1
反针	苗圃针	反针

30
拧针双罗纹

正身排花:

1	18	1	
反针	苗圃针	反针	
70 正针			70 正针
1	18	1	
反针	苗圃针	反针	

材 料	用量（克）	工 具
278规格纯毛粗线	500	6号针、8号针
尺寸（厘米）	衣长58 胸围90 肩宽45 袖套44	
平均密度	20针 × 25行＝10cm²范围内	

编织简述

从下摆起针后环形按花纹向上织，至腋下后只分针织前后片，袖窿不必减针；领口减针后缝合前后肩头形成背心；袖套起针后按花纹环形织相应长后收针。

编织步骤

§1. 用8号针起180针环形织5厘米拧针单罗纹。

§2. 换6号针按排花向上织28厘米后，取左右腋下各14针改织宽锁链针。

§3. 总长至36厘米时，从腋正中分针织前后片，袖窿不必减针。

§4. 距后脖8厘米时减领口，①平收领正中18针，②隔1行减3针减1次，③隔1行减2针减1次，④隔1行减1针减1次。前后肩头缝合后，用8号针从领口处挑出92针环形织10厘米拧针单罗纹后收针形成高领。

§5. 另线用8号针起50针环形织2厘米拧针双罗纹后，换6号针按花纹向上织40厘米后，再换8号针改织2厘米拧针双罗纹并收机械边形成袖套。

Tips

注意两腋织3厘米宽锁链针后再分针织前后片。

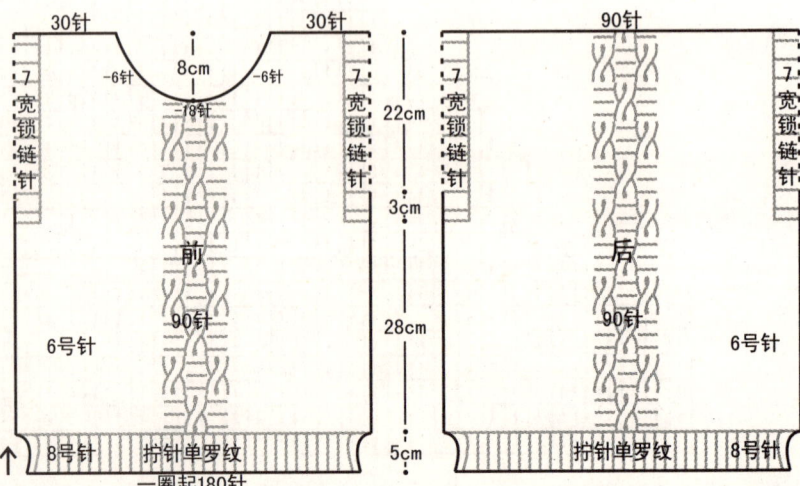

30针 30针
8cm
-6针 -6针
-18针
7 宽锁链针 7 宽锁链针
22cm

前
90针
3cm
28cm
6号针
8号针 拧针单罗纹
5cm
一圈起180针

90针
7 宽锁链针 7 宽锁链针
后
90针
6号针
拧针单罗纹
8号针

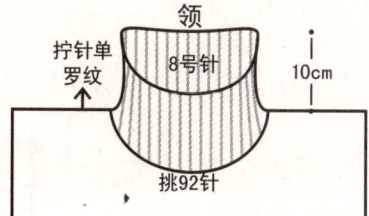

领

拧针单
罗纹

8号针

10cm

挑92针

拧针单罗纹

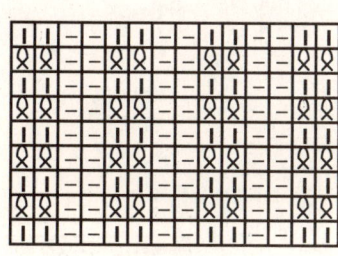

拧针双罗纹

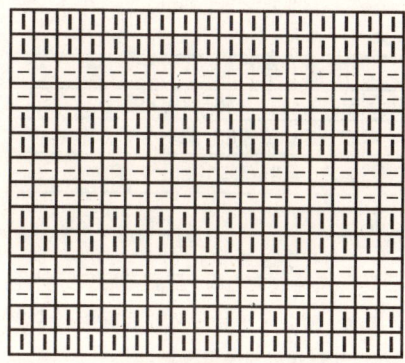

宽锁链针

苗圃针

袖套背心

P16

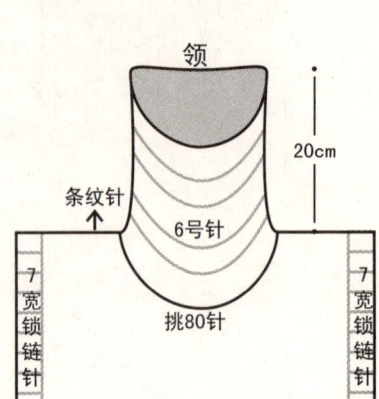

领

条纹针

6号针

20cm

7 宽锁链针

挑80针

7 宽锁链针

材 料	用量（克）	工 具
278规格纯毛粗线	550	6号针、8号针
尺寸（厘米）	衣长58 胸围88 肩宽44 袖套44	
平均密度	20针 × 25行 = 10cm²范围内	

编织简述

　　从下摆起针后环形按花纹向上织，至腋下后只分针织前后片，袖窿不必减针；领口减针后缝合前后肩头形成背心；袖套起针后按花纹环形织相应长后收针。

编织步骤

§1. 用8号针起176针环形织8厘米拧针双罗纹。

§2. 换6号针按花纹向上织25厘米后，取左右腋下各14针改织宽锁链针。

§3. 总长至36厘米时，从腋正中分针织前后片，袖窿不减针。

§4. 距后脖9厘米时减领口，①平收领正中18针，②隔1行减3针1次，③隔1行减2针减2次，④隔1行减1针减2次。前后肩头缝合后，用6号针从领口处挑出80针环形织20厘米条纹针后收针形成高堆领。

§5. 另线用8号针起50针环形织2厘米拧针双罗纹后，换6号针按花纹向上织40厘米后，再换8号针改织2厘米拧针双罗纹并收机械边形成袖套。

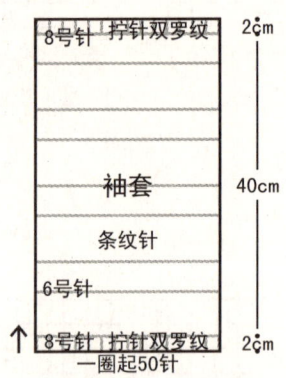

8号针　拧针双罗纹　2cm

袖套

条纹针　40cm

6号针

8号针　拧针双罗纹　2cm

一圈起50针

Tips

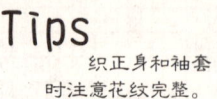

织正身和袖套时注意花纹完整。

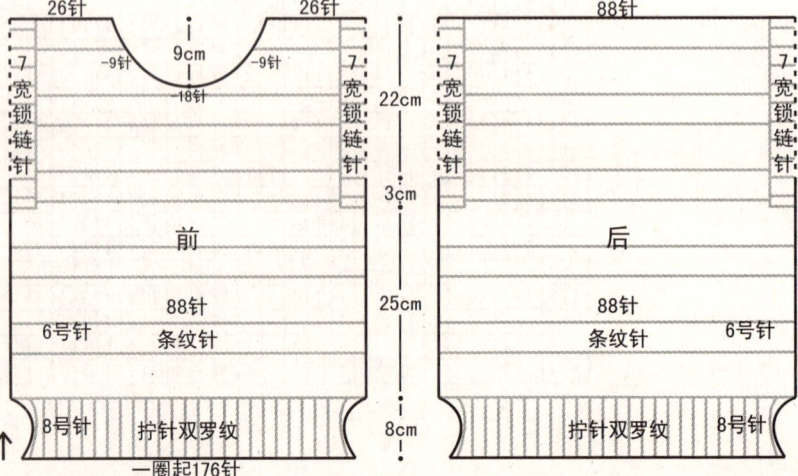

26针　　26针

-9针　9cm　-9针

-18针

7 宽锁链针　　7 宽锁链针

22cm

3cm

前

88针

6号针　条纹针

25cm

8号针　拧针双罗纹

一圈起176针

88针

7 宽锁链针　　7 宽锁链针

后

88针

条纹针　6号针

8号针　拧针双罗纹

8cm

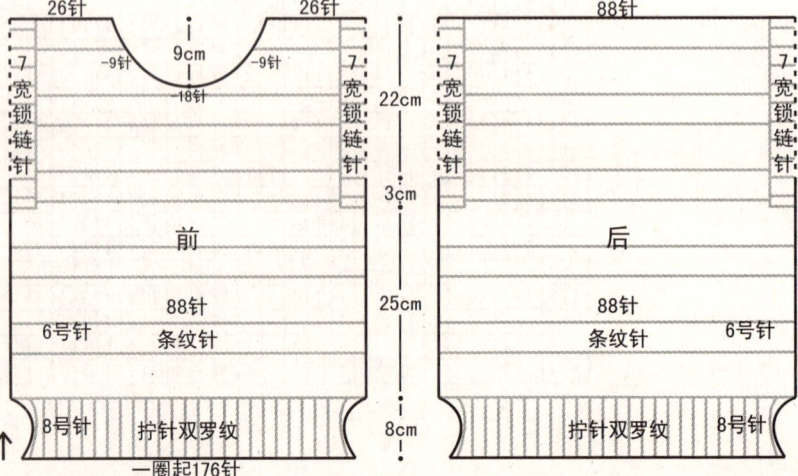

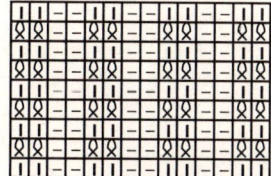

拧针双罗纹

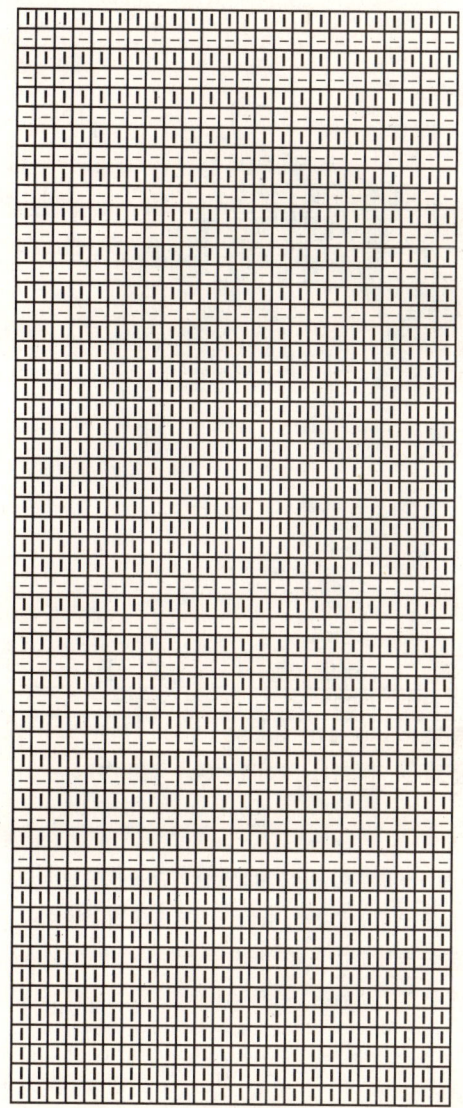

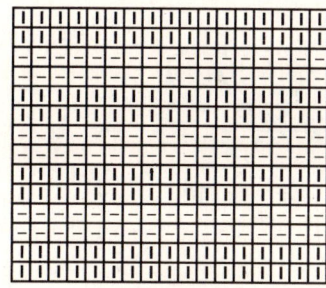

宽锁链针

条纹针

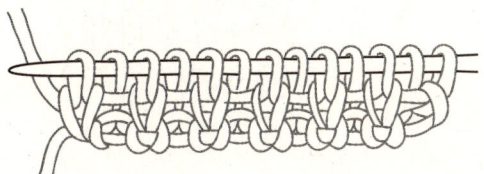

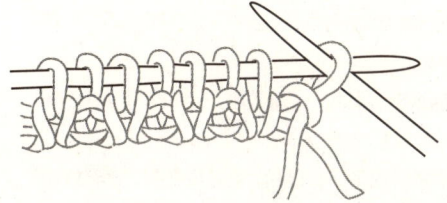

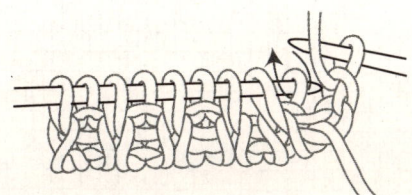

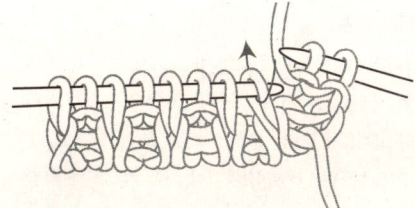

双罗纹起针方法

sweet couple

喇叭袖中裙

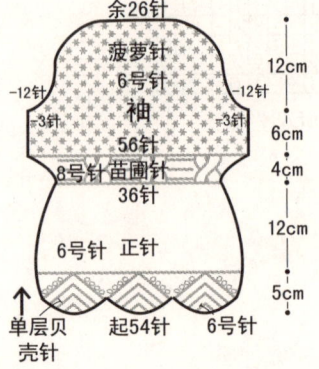

余26针
菠萝针
6号针
-12针 袖 -12针
=3针 56针 =3针
8号针 苗圃针
36针

6号针 正针

单层贝壳针 起54针 6号针

12cm
6cm
4cm
12cm
5cm

Tips

注意袖边是
单层贝壳针、裙
下摆为三层。

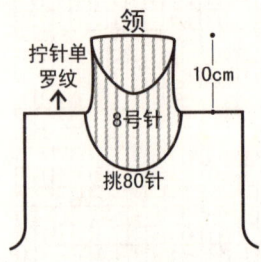

领
拧针单
罗纹
8号针
10cm
挑80针

材　料	用量（克）	工　具
273规格纯毛粗线	600	6号针、8号针
尺寸（厘米）	裙长70 袖长39 胸围60 肩宽24	
平均密度	22针×25行=10cm²范围内	

编织简述

　　从裙摆起针后环形向上织，按要求减针形成收腰效果，至腋下后减袖隆，领口后减针，前后肩头等高后缝合并挑织领子；袖口起针后环形向上织，相应长后统一减针形成喇叭袖效果，至腋下后减袖山，最后平收余针，与正身整齐缝合。

编织步骤

　　§1. 用6号针起198针环形织14厘米三层贝壳针后，向上织20厘米正针。

　　§2. 换8号针统一减至132针同时改织4厘米苗圃针后，再换6号针改织菠萝针。

　　§3. 总长至52厘米时减袖隆，①平收腋正中6针，②隔1行减1针减3次。

　　§4. 距后脖8厘米时减领口，①平收领正中10针，②隔1行减3针减1次，③隔1行减2针减1次，④隔1行减1针减1次。前后肩头缝合后，从领口处挑出80针用8号针环形织10厘米拧针罗纹后收机械边形成高领。

　　§5. 袖口用6号针起54针环形织5厘米单层贝壳针后改织12厘米正针，换8号针统一减至36针改织4厘米苗圃针后，再换6号针统一加至56针改织菠萝针，总长至27厘米时减袖山，①平收腋正中6针，②隔1行减1针减12次，余针平收，与正身整齐缝合。

拧针单罗纹

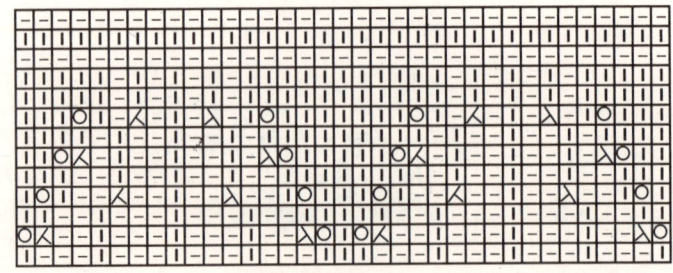

单层贝壳针

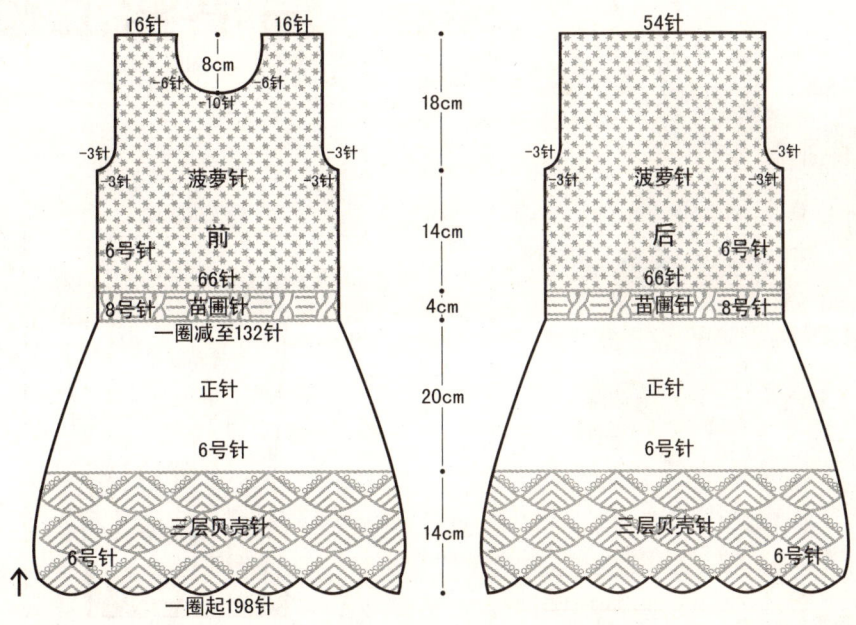

苗圃针

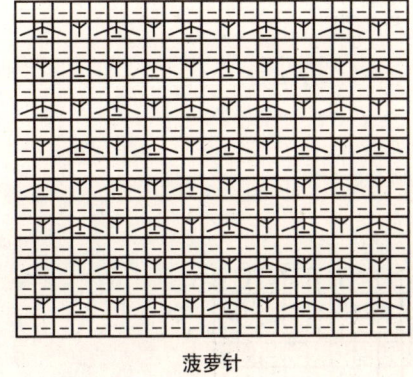

菠萝针

三层贝壳针

P20

温情男上衣

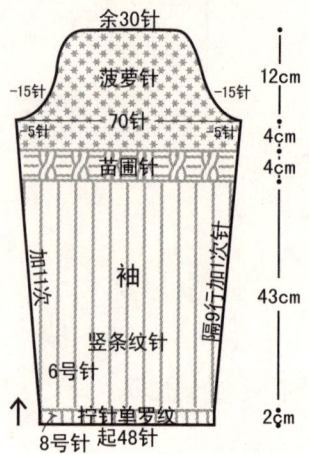

材　料	用量（克）	工　具
280规格纯毛粗线	550	6号针、8号针
尺寸（厘米）	衣长62　袖长65　胸围95　肩宽38	
平均密度	21针×25行＝10cm²范围内	

编织简述

　　从下摆起针后按花纹环形向上织，先减袖窿后减领口，前后肩头缝合后挑织领子；袖口起针后环形向上织，同时在袖腋处规律加针至腋下，减袖山后余针平收，与正身整齐缝合。

编织步骤

§1. 用8号针起200针环形织2厘米拧针单罗纹。

§2. 换6号针改织30厘米竖条纹针后，改织4厘米苗圃针，然后再改织4厘米菠萝针。

§3. 总长至40厘米时减袖窿，①平收腋正中10针，②隔1行减1针减5次。

§4. 距后脖8厘米时减领口，①平收领正中12针，②隔1行减3针减1次，③隔1行减2针减2次，④隔1行减1针减1次。前后肩头缝合后，用8号针挑出92针环形织10厘米拧针双罗纹后收机械边形成高领。

§5. 袖口用8号针起48针环形织2厘米拧针单罗纹后，换6号针改织竖条纹针，同时在袖腋处隔9行加1次针，每次加2针，共加11次，总长至45厘米时，改织4厘米苗圃针后再改织菠萝针，总长至53厘米时减袖山，①平收腋正中10针，②隔1行减1针减15次，余针平收，与正身整齐缝合。

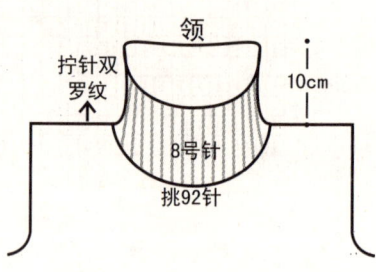

余30针

-15针　菠萝针　-15针

-5针　70针　-5针

苗圃针

袖

竖条纹针
6号针

拧针单罗纹

8号针　起48针

12cm

4cm

4cm

43cm

2cm

加11次

隔9行加1次针

领

拧针双罗纹

8号针

挑92针

10cm

Tips

　　领口挑针时注意整齐，一件毛衣是否精致，关键看领口的挑针和袖与正身的缝合处是否整齐。

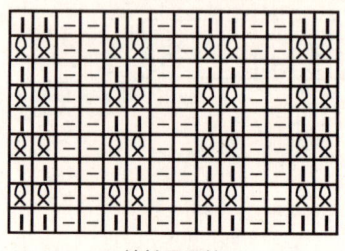

拧针双罗纹

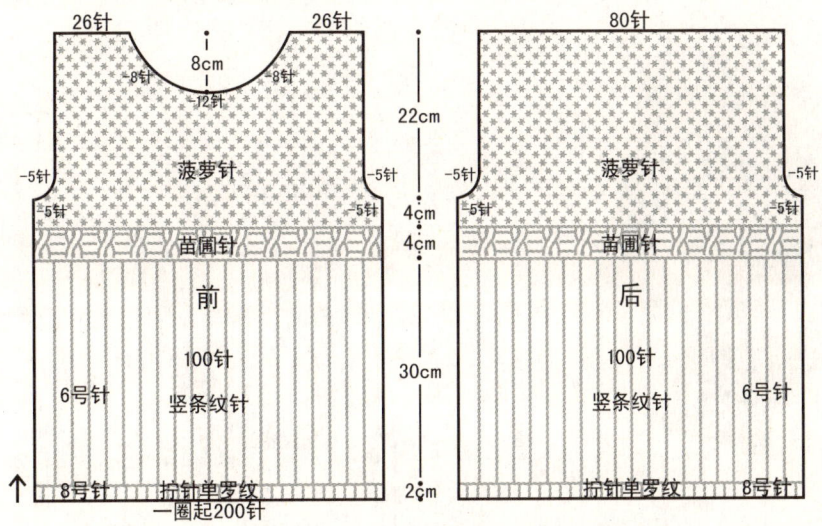

拧针单罗纹

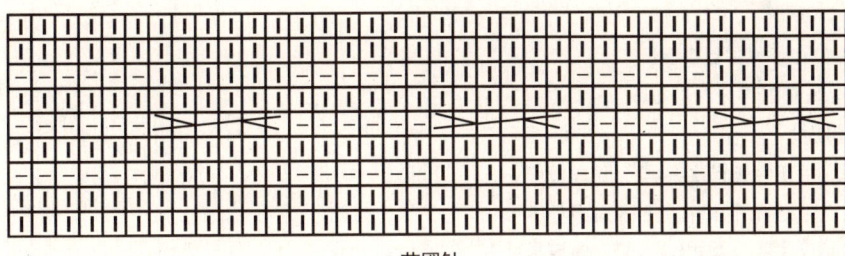

苗圃针

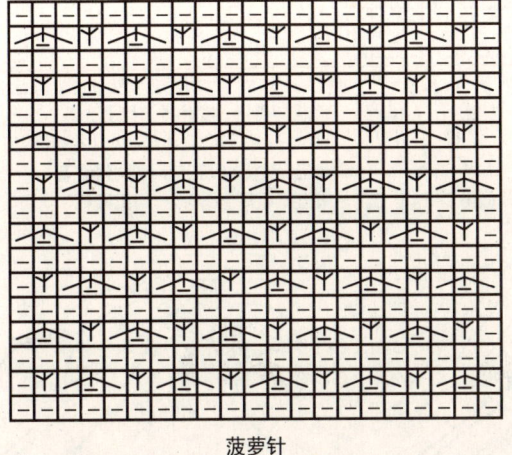

菠萝针

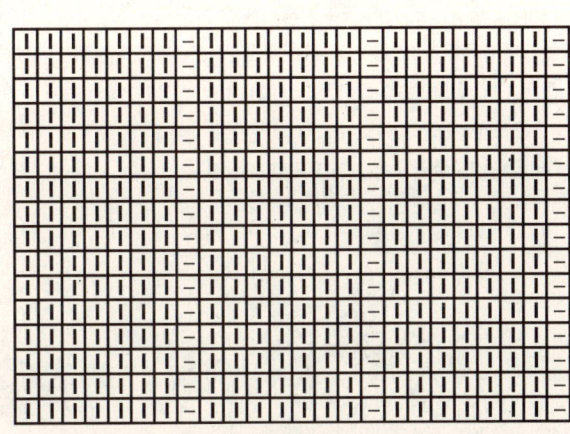

竖条纹针

皮草叠领高腰上衣

P22

Tips
前领口重叠挑针的同时，将前片分左右两片向上织。

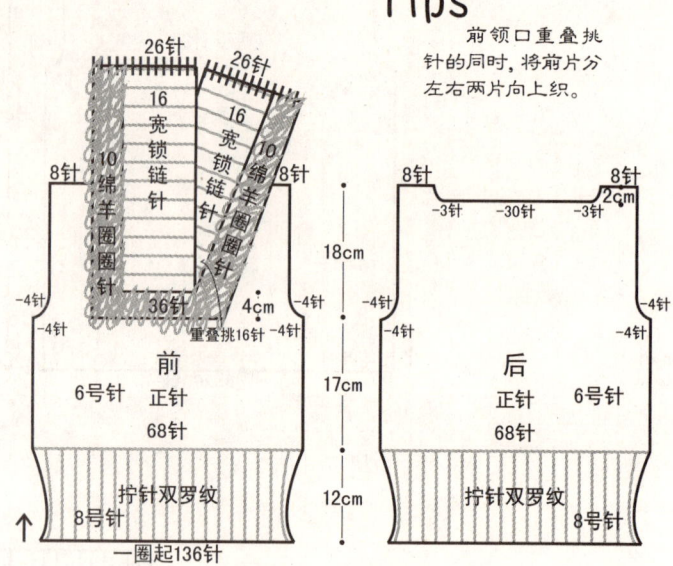

26针　26针

16宽锁链针　16宽锁链针

10绵羊圈圈针　10绵羊圈圈针

8针　8针

36针　重叠挑16针　4cm

-4针　-4针　-4针　-4针

前
6号针　正针　68针

8针　8针
-3针　-30针　-3针　2cm

18cm

后
正针　68针
6号针

-4针　-4针　-4针　-4针

17cm

拧针双罗纹　拧针双罗纹
8号针　8号针

一圈起136针

12cm

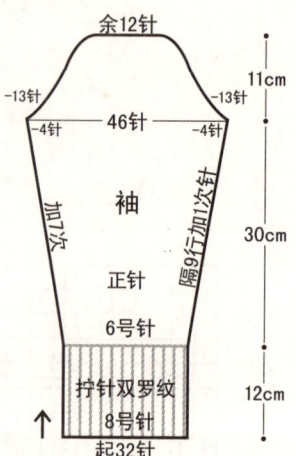

余12针
-13针　-13针　11cm
-4针　46针　-4针

袖
正针
6号针

加7次　隔9行加1次针

30cm

拧针双罗纹
8号针
起32针

12cm

材　料	用量（克）	工　具
278规格纯毛粗线	450	6号针、8号针
尺寸（厘米）	衣长47　袖长53　胸围71　肩宽27	
平均密度	19针×25行＝10cm²范围内	

编织简述

从下摆起针后环形向上织，减袖窿与前领口分别同时进行，前后肩头缝合后，领边针目不缝，依然向上直织，至后脖正中时对头缝合形成领子；袖口起针后环形向上织，同时在袖腋处规律加针至腋下，减袖山后余针平收，与正身整齐缝合。

编织步骤

§1. 用8号针起136针环形织12厘米拧针双罗纹。

§2. 换6号针改织正针，总长至29厘米时减袖窿，①平收腋正中8针，②隔1行减1针减4次。

§3. 距后脖18厘米时，取前片正中36针改织4厘米绵羊圈圈针后，取正中的16针改织宽锁链针，同时在其背面再重叠挑出16针也织宽锁链针，同时分左右前片向上织。后片距后脖2厘米时，取正中的30针平收，同时在两侧隔1行减1针减3次，前后肩头等高后缝合，16针与边沿的10针绵羊圈圈针不缝，依然向上直织，至后脖正中时再对头缝合形成叠领。

§4. 袖口用8号针起32针环形织12厘米拧针双罗纹后，换6号针改织正针，同时在袖腋处隔9行加1次针，每次加2针，共加7次，总长至42厘米时减袖山，①平收腋正中8针，②隔1行减1针减13次，余针平收，与正身整齐缝合。

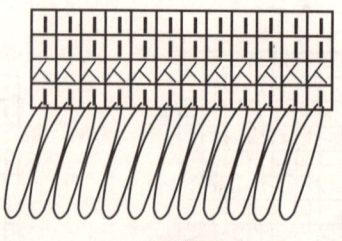

4行
3行
2行
1行

绵羊圈圈针

第一行：右食指绕双线织正针，然后把线套绕到正面，按此方法织第2针。
第二行：由于是双线所以2针并1针织正针。
第三、四行：织正针，并拉紧线套。
第五行以后重复第一到第四行。

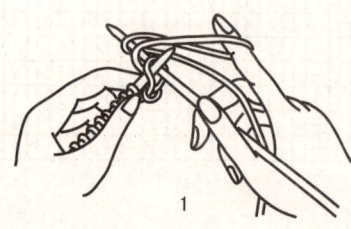

1

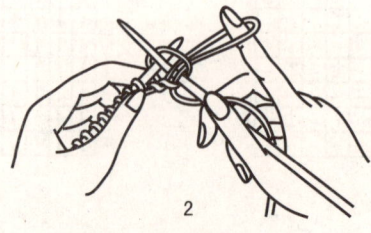

2

绵羊圈圈针

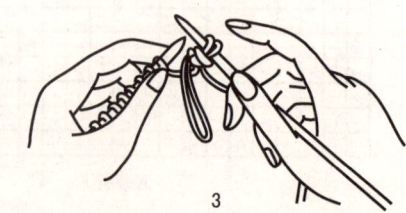

3

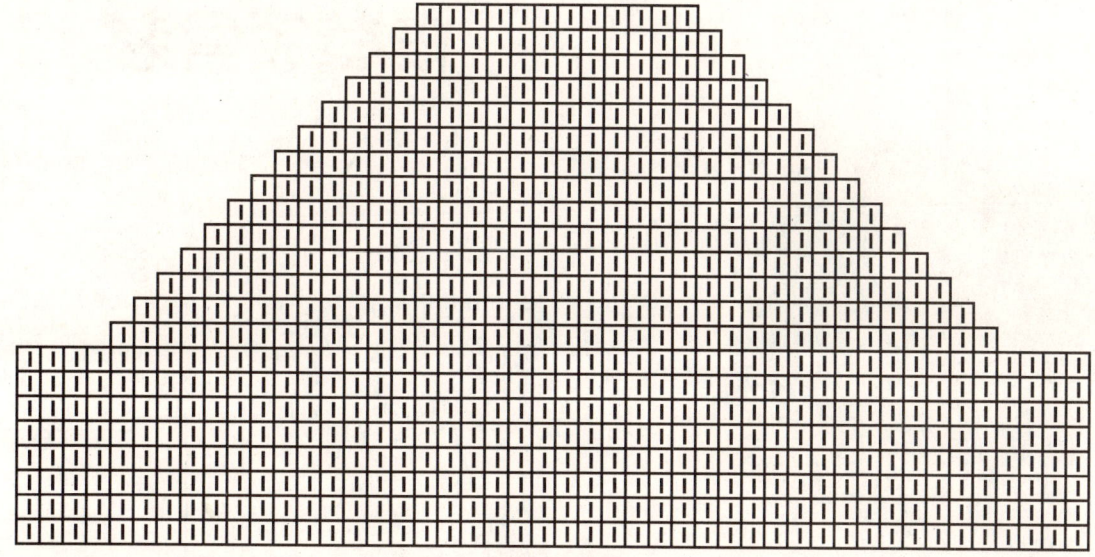

肩头减针方法

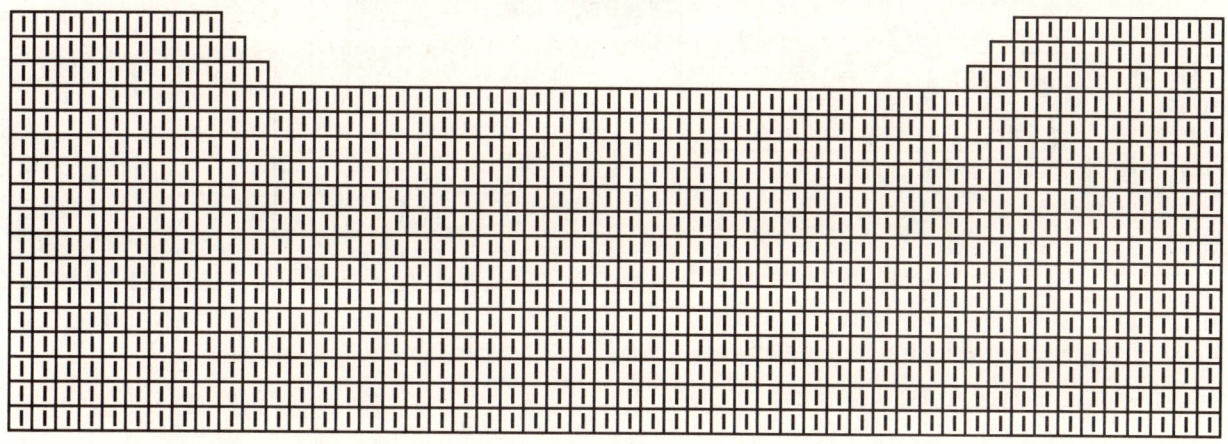

后脖减针方法

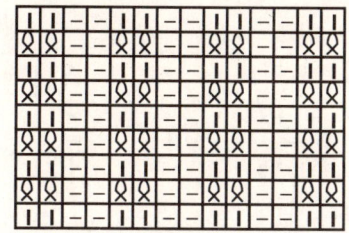

拧针双罗纹

环形织法

宽锁链针

皮草领男装

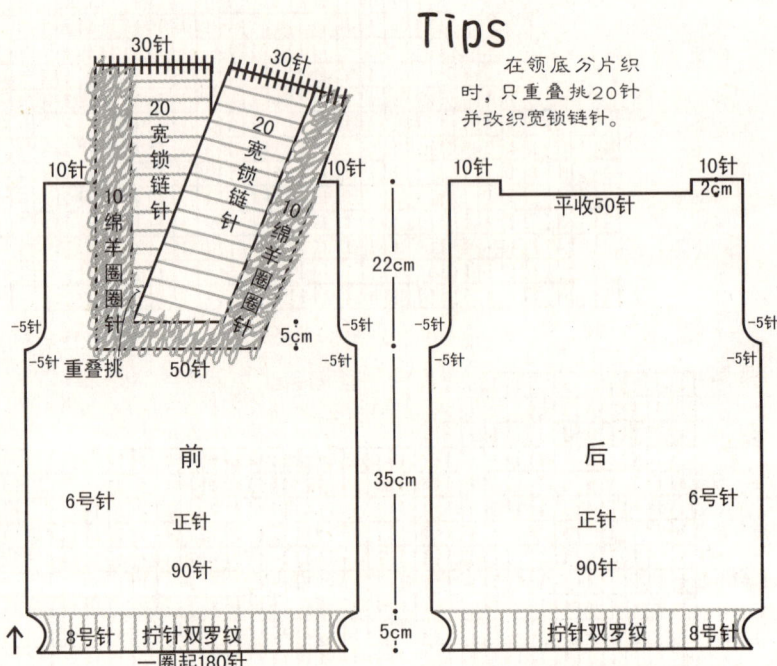

Tips

在领底分片织时，只重叠挑20针并改织宽锁链针。

30针　30针　　30针

20宽锁链针　20宽锁链针

10针　10针　10针　10针　2cm

10绵羊圈圈针　10绵羊圈圈针

平收50针

22cm

-5针　-5针　-5针　-5针　-5针　-5针

重叠挑　50针　5cm

前　　　　　　**后**

6号针　　6号针

35cm

正针　　　正针

90针　　　90针

5cm

拧针双罗纹

8号针　一圈起180针　8号针

材　料	用量（克）	工　具
278规格纯毛粗线	650	6号针、8号针
尺寸（厘米）	衣长62　袖长63　胸围90　肩宽35	
平均密度	20针 × 25行＝10cm² 范围内	

编织简述

从下摆起针后环形向上织，减袖窿后，领口重叠挑针并分左右前片向上织，肩头缝合后，门襟依然向上织，至后脖正中时对头缝合；袖口起针后环形向上织，同时在袖腋处规律加针至腋下，减袖山后余针平收，与正身整齐缝合。

编织步骤

§1. 用8号针起180针环形织5厘米拧针双罗纹。

§2. 换6号针改织正针，总长至40厘米时减袖窿，①平收腋正中10针，②隔1行减1针减5次。

§3. 距后脖22厘米时，取前片正中50针改织5厘米绵羊圈圈针后，再取正中20针改织宽锁链针，同时在20针的背面再挑出20针同样织宽锁链针，并分左右片织，每片各30针。

§4. 后片距后脖2厘米时，取正中50针平收，左右各余10针向上直织2厘米后，与前片肩头缝合；左右门襟的各30针不缝，依然向上直织，至后脖正中时对头缝合形成后领。

§5. 袖口用8号针起44针环形织5厘米拧针双罗纹后，换6号针改织正针，同时在袖腋处隔11行加1次针，每次加2针，共加9次，总长至51厘米时减袖山，①平收腋正中10针，②隔1行减1针减15次，余针平收，与正身整齐缝合。

余22针

-15针　-15针　12cm

-5针　62针　-5针

袖

隔11行加1次针

正针

加9次

6号针

46cm

拧针双罗纹　5cm

8号针　起44针

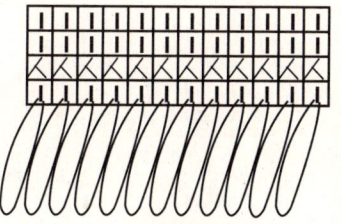

4行
3行
2行
1行

第一行: 右食指绕双线织正针, 然后把线套绕到正面, 按此方法织第2针。
第二行: 由于是双线所以2针并1针织正针。
第三、四行: 织正针, 并拉紧线套。
第五行以后重复第一到第四行。

绵羊圈圈针

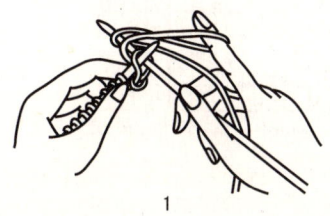

1

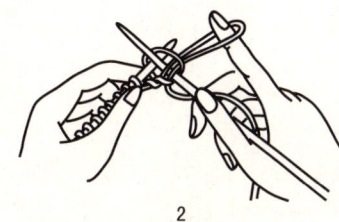

2

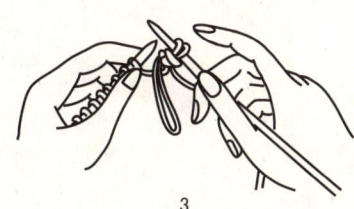

3

绵羊圈圈针

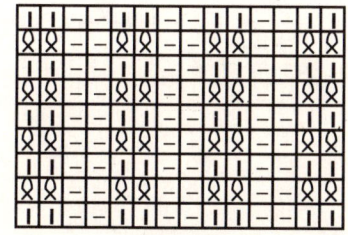

拧针双罗纹

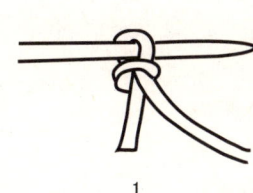

1   2

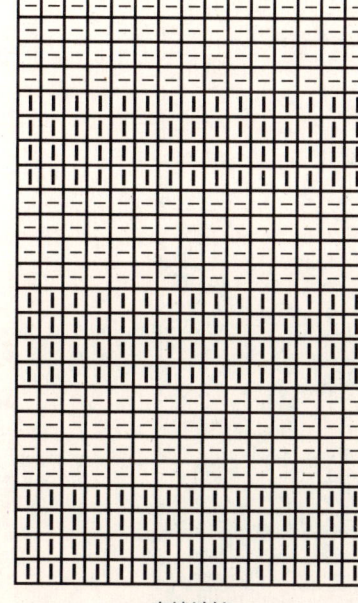

宽锁链针

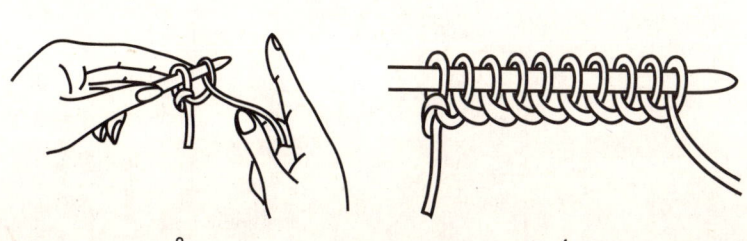

3   4

绕线起针法

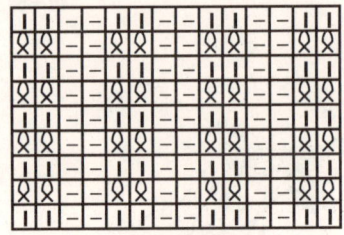

长方形背心

11
P23

拧针双罗纹

材　料	用量（克）	工　具
278规格纯毛粗线	400	6号针、8号针
尺寸（厘米）	衣长59　胸围100　肩宽50	
平均密度	20针 × 25行 = 10cm² 范围内	

编织简述

从下摆起针后环形按花纹向上织，至腋下后只分针织前后片，袖窿不必减针；领口减针后缝合前后肩头形成背心。

编织步骤

§1. 用8号针起200针环形织10厘米拧针双罗纹。

§2. 换6号针环形向上织22厘米菠萝针后，取左右腋下各30针改织宽锁链针。

§3. 总长至37厘米时，从腋正中分针织前后片，袖窿不减针。

§4. 距后脖8厘米时减领口，①平收领正中18针，②隔1行减3针减1次，③隔1行减2针减1次，④隔1行减1针减3次。前后肩头缝合后，用8号针从领口处挑出92针环形织5厘米拧针双罗纹后收针形成领子。

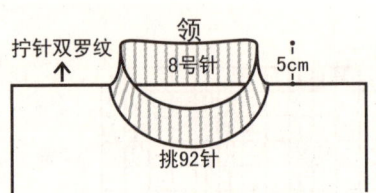

拧针双罗纹　　　领　　　5cm
8号针
挑92针

Tips

袖窿不必减针，两侧的宽锁链针起到防止卷边的作用。

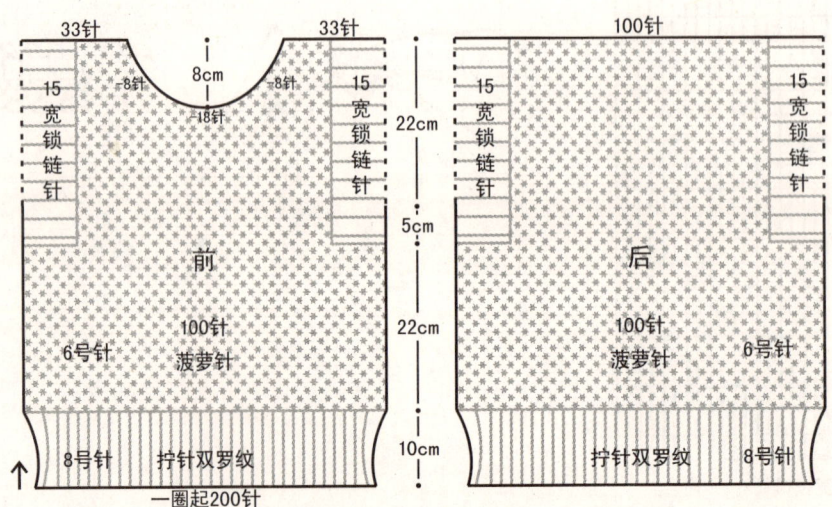

前

后

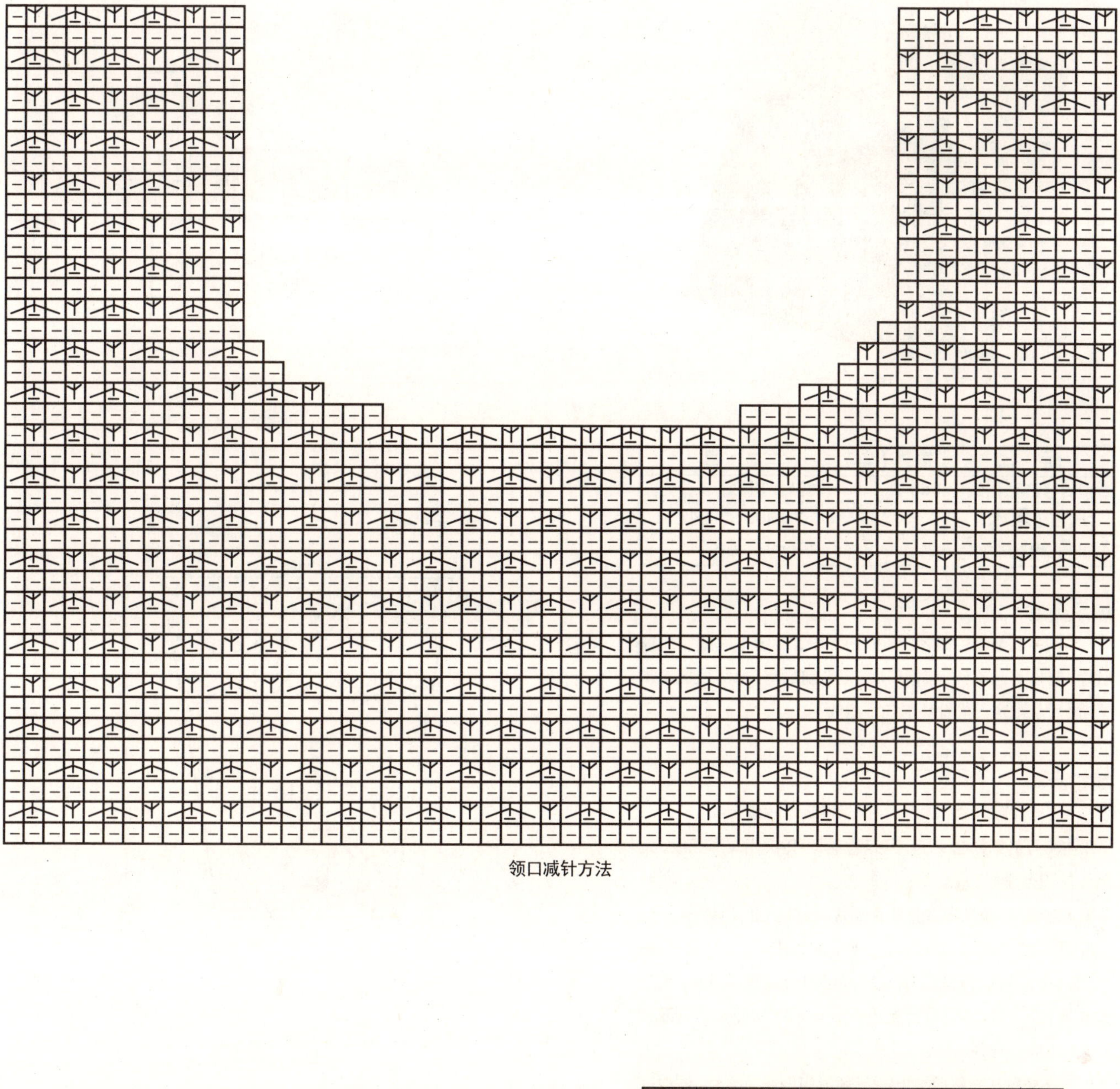

领口减针方法

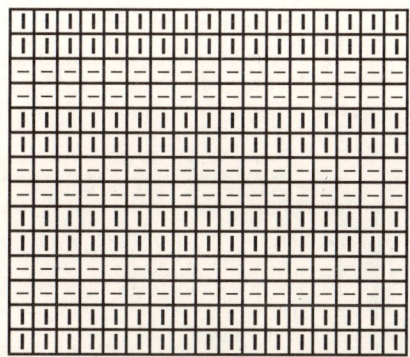

宽锁链针

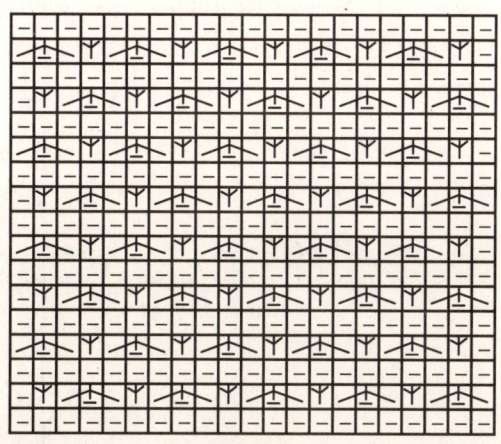

菠萝针

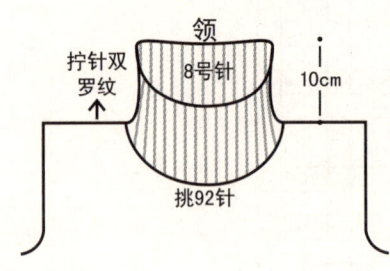

直袖套头衫

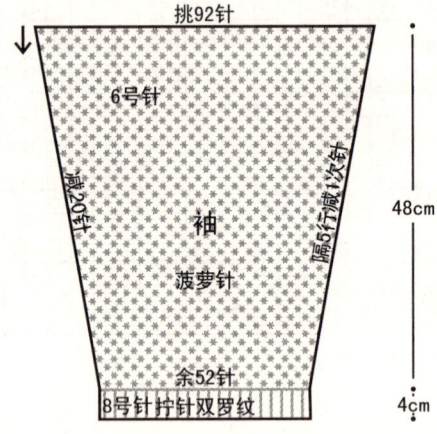

材　料	用量（克）	工　具
280规格纯毛粗线	650	6号针、8号针
尺寸（厘米）	衣长62 袖长52 胸围95 肩宽47	
平均密度	21针 × 25行 = 10cm²范围内	

编织简述

从下摆起针后按花纹环形向上织，至腋下后分针织前后片，袖窿不必减针；减领口后，缝合前后肩头，然后挑织领子，最后从袖窿口挑针环形向下织袖子。

编织步骤

§1. 用8号针起200针环形织4厘米拧针双罗纹。

§2. 换6号针织27厘米菠萝针，再改织4厘米V形花纹，之后依然织菠萝针。

§3. 总长至39厘米时分针织前后片，袖窿不必减针。

§4. 距后脖8厘米时减领口，①平收领正中12针，②隔1行减3针减1次，③隔1行减2针减2次，④隔1行减1针减1次。前后肩头缝合后，领口用8号针挑出92针环形织10厘米拧针双罗纹后收机械边形成高领。

§5. 用6号针从袖窿口挑出92针环形向下织菠萝针，同时在袖腋处隔5行减1次针，每次减2针，共减20次，总长至48厘米时换8号针改织4厘米拧针双罗纹后收针形成袖口。

Tips

男款服装腋下至袖口通常在50～55厘米之间。

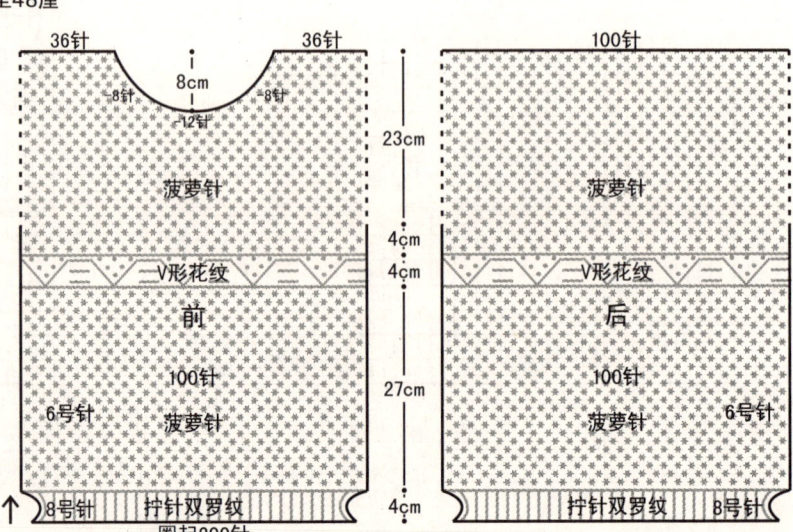

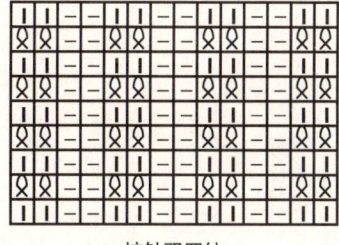

拧针双罗纹

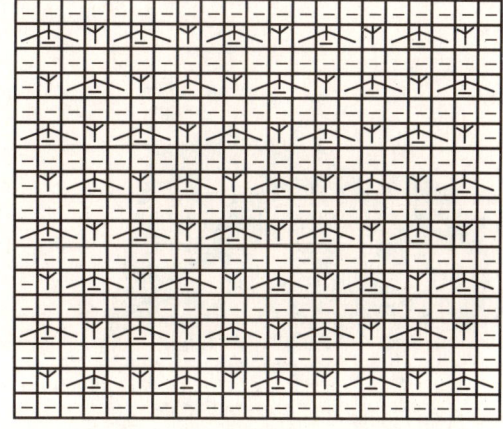

菠萝针

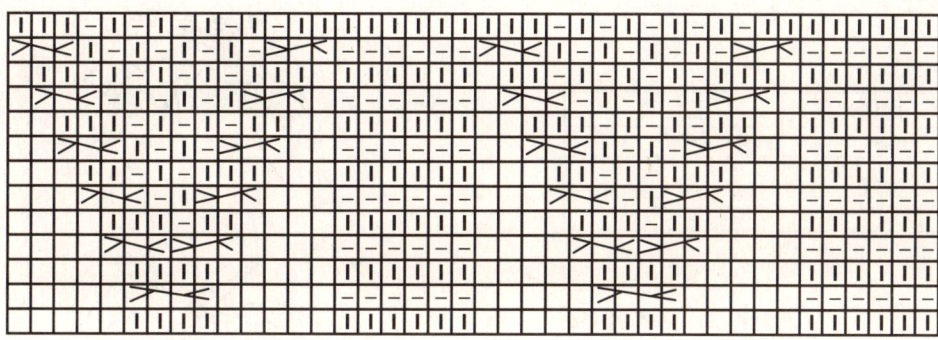

V形花纹

领口减针方法

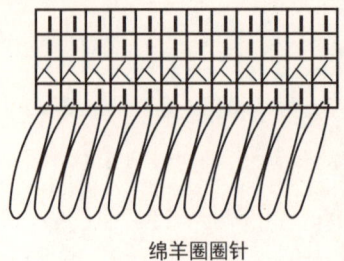

皮草披肩

13
P26

材　料	用量（克）	工　具
273规格纯毛粗线	400	6号针、8号针
尺寸（厘米）	以实物为准	
平均密度	20针 × 25行 = 10cm^{2}范围内	

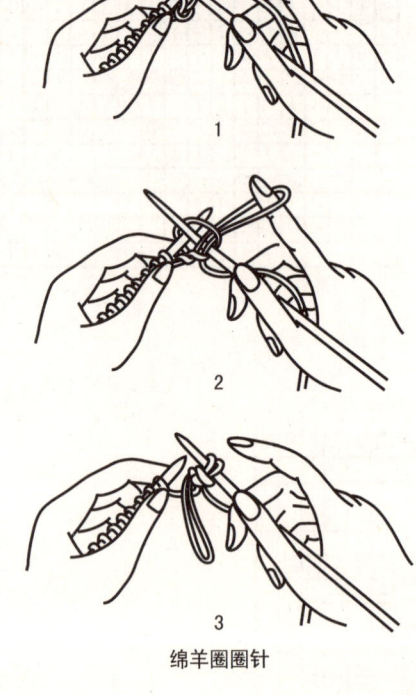

第一行：右食指绕双线织正针，然后把线套绕到正面，按此方法织第2针。
第二行：由于是双线所以2针并1针织正针。
第三、四行：织正针，并拉紧线套。
第五行以后重复第一到第四行。

绵羊圈圈针

编织简述

按花纹织一条长围巾后，另线起针织后片，将两者按要求缝合后形成披肩。

编织步骤

§1. 用8号针起63针往返织5厘米桂花针。

§2. 换6号针不加减针按排花往返织35厘米后，取右侧边沿的20针中的15针改织绵羊圈圈针，另5针改织锁链针，总长至100厘米时，按原排花向上织。

§3. 最后5厘米用8号针改织桂花针后收边形成长围巾。

§4. 用6号针另线起88针按排花往返织32厘米后收针形成后片，然后与长围巾正中40厘米位置缝合，并按相同字母缝合左右腋下。

绵羊圈圈针

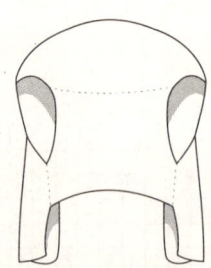

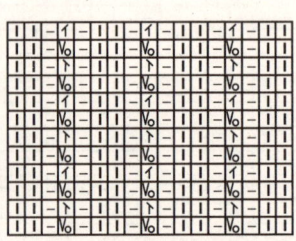

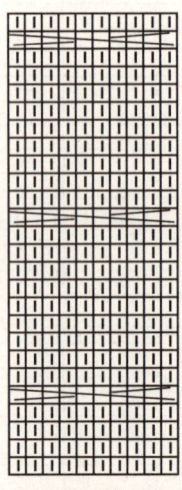

锁链针

阿尔巴尼亚罗纹针

麻花针

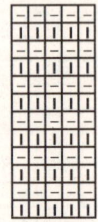

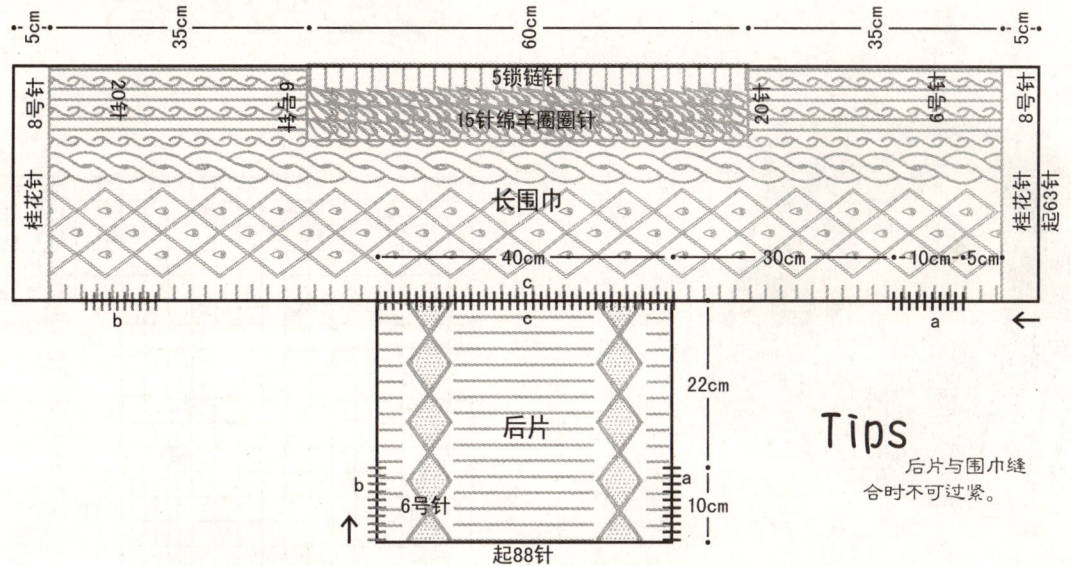

5cm 35cm 60cm 35cm 5cm

5锁链针
15针绵羊圈圈针
长围巾

8号针 20针 6号针 6号针 20针 8号针
桂花针 起63针 桂花针

40cm 30cm 10cm 5cm
b c a

22cm
后片
10cm
b 6号针 a
起88针
c

Tips
后片与围巾缝合时不可过紧。

长围巾排花:

4	1	26	1	10	1	20
宽锁链针	反针	葡萄园针	反针	麻花针	反针	阿尔巴尼亚罗纹针

后片排花:

5	1	12	1	50	1	12	1	5
宽锁链针	反针	菱形星星针	反针	宽锁链针	反针	菱形星星针	反针	宽锁链针

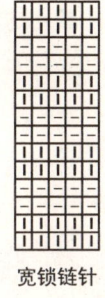

宽锁链针

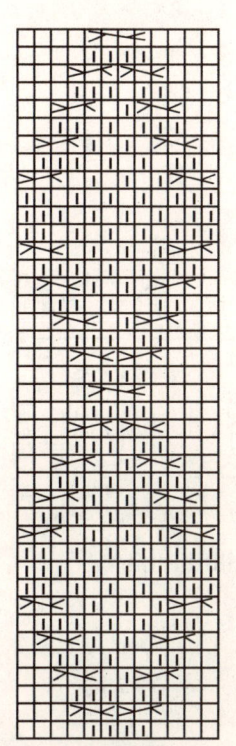

菱形星星针

桂花针

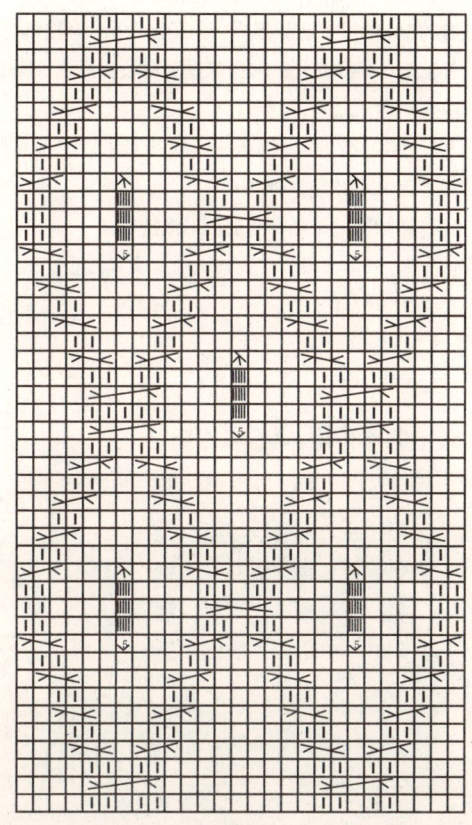

葡萄园针

皮草短披肩

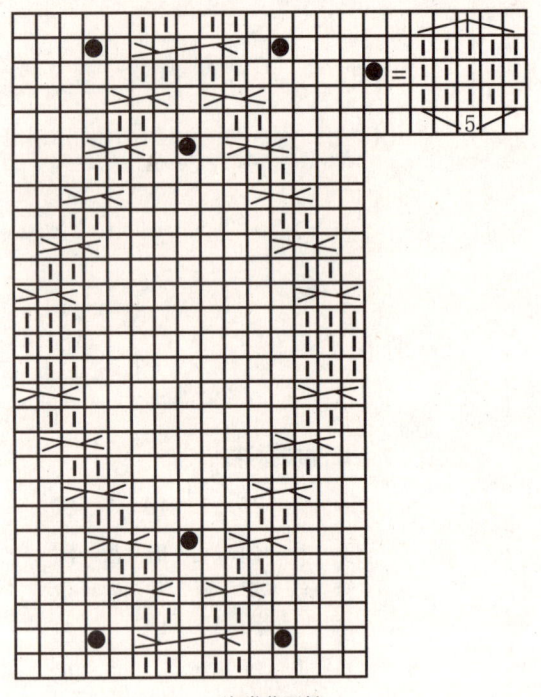

海棠菱形针

材　料	用量（克）	工　具
278规格纯毛粗线	400	6号针
尺寸（厘米）	以实物为准	
平均密度	19针 × 25行 ＝ 10cm² 范围内	

编织简述

按花纹织一条长围巾，同时织一个长方形片为后背，将后背与长围巾按相同字母缝合形成披肩。

编织步骤

§1. 用6号针起59针往返织4厘米星星针后，按排花往返向上织25厘米，取右侧的28针中的20针改织绵羊圈圈针，边沿的8针依然织宽锁链针，织60厘米后，再按排花向上织，总长至114厘米时改织4厘米星星针收针形成长围巾，并保持两头对称。

§2. 另线起70针按排花往返织30厘米后收针，并与长围巾侧边正中的32厘米处缝合。

§3. 按相同字母缝合两肋后形成披肩。

后片排花：

8	1	15	1	20	1	15	1	8
宽锁链针	反针	海棠菱形针	反针	宽锁链针	反针	海棠菱形针	反针	宽锁链针

长围巾排花：

8	1	15	1	6	28
宽锁链针	反针	海棠菱形针	反针	麻花针	宽锁链针

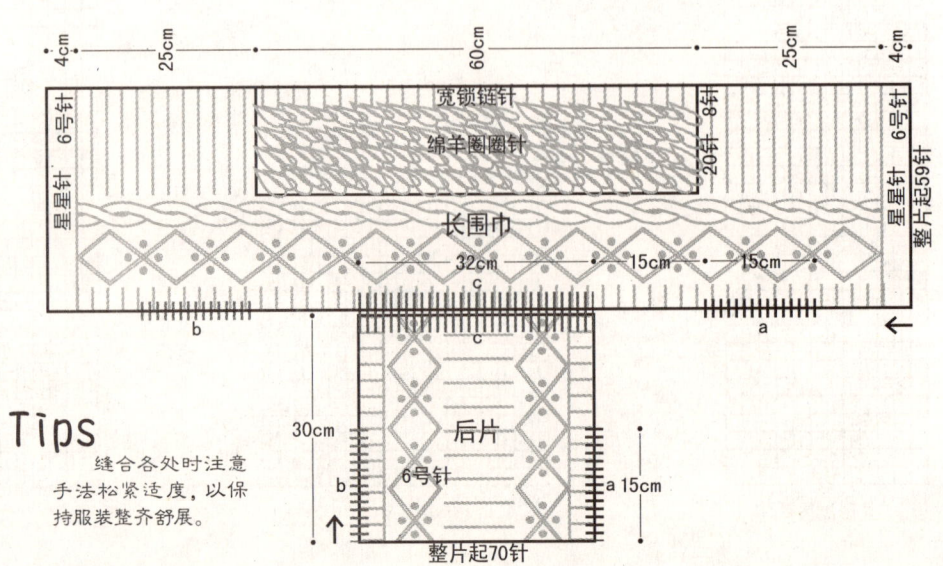

Tips

缝合各处时注意手法松紧适度，以保持服装整齐舒展。

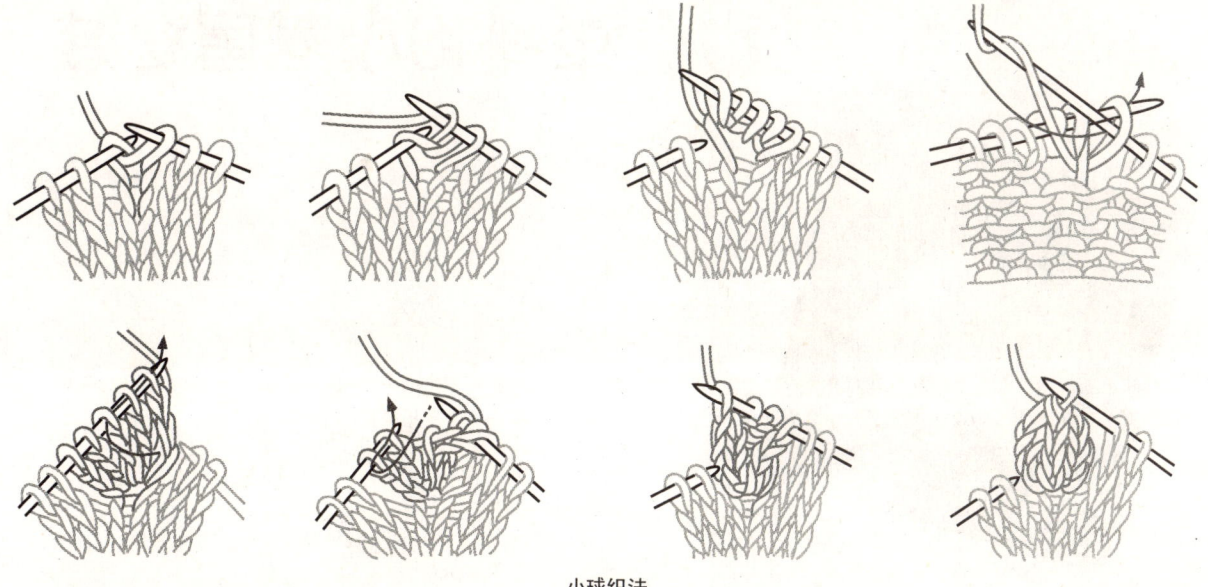

小球织法

20宽锁链针

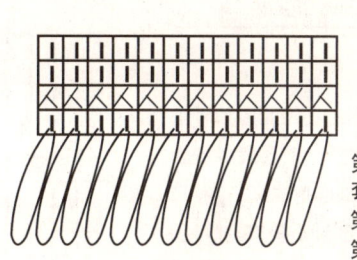

	4行
	3行
	2行
	1行

绵羊圈圈针

第一行：右食指绕双线织正针，然后把线套绕到正面，按此方法织第2针。
第二行：由于是双线所以2针并1针织正针。
第三、四行：织正针，并拉紧线套。
第五行以后重复第一到第四行。

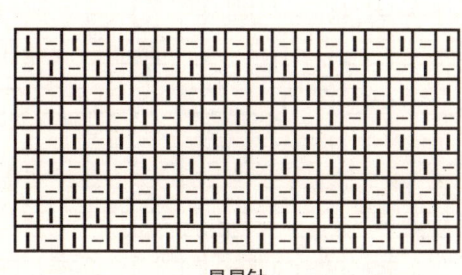

星星针

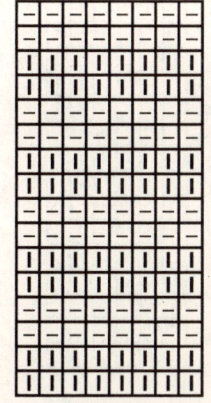

8宽锁链针

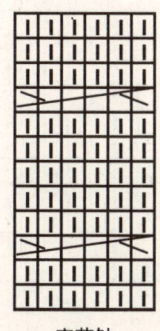

麻花针

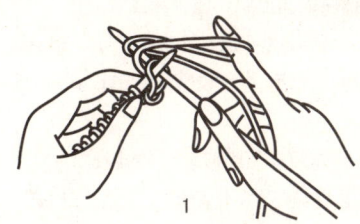

1

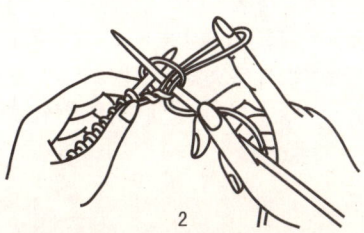

2

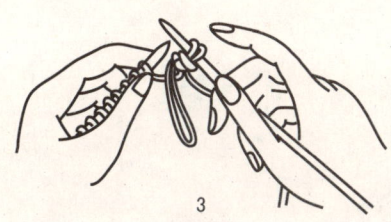

3

绵羊圈圈针

sweet couple

单排扣小燕尾女装

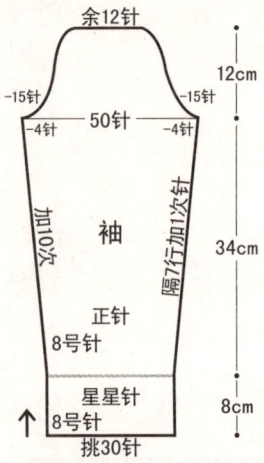

材 料	用量（克）	工 具	
273规格纯毛粗线	550	8号针	
尺寸（厘米）	衣长53 袖长54 胸围80 肩宽27		
平均密度	23针 × 26行 = 10cm² 范围内		

编织简述

从下摆起针后往返织片，完成下摆后在两侧平加针按排花向上直织，减领口与减袖窿同时进行，前后肩头缝合后，领边不缝，向上直织相应长后对头缝合形成领子；袖口起针后环形向上织，同时在袖腋处规律加针至腋下，减袖山后余针平收，与正身整齐缝合。

编织步骤

§1. 用8号针起152针往返向上织10厘米星星针。

§2. 不换针在152针的两侧分别平加16针按排花向上往返织。

§3. 总长至35厘米时减袖窿，①平收腋正中8针，②隔1行减1针减4次。

§4. 距后脖18厘米时前后片改织菠萝针并减领口，①平收领一侧8针星星针，②在余下的8针星星针内侧隔3行减1针减5次。前后肩头缝合后，领边的8针星星针不缝，依然向上直织至后脖正中时对头缝合形成领子。

§5. 袖口用8号针起30针环形织8厘米星星针后改织正针，同时在袖腋处隔7行加1次针，每次加2针，共加10次，总长至42厘米时减袖山，①平收腋正中8针，②隔1行减1针减15次，余针平收，与正身整齐缝合。

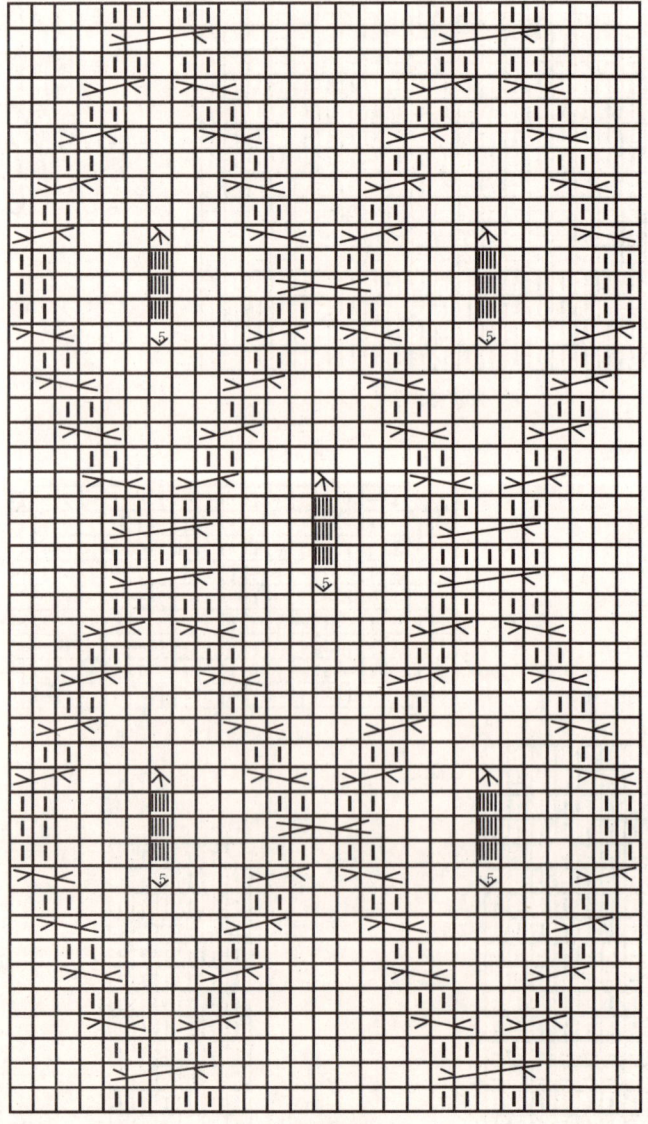

葡萄园针

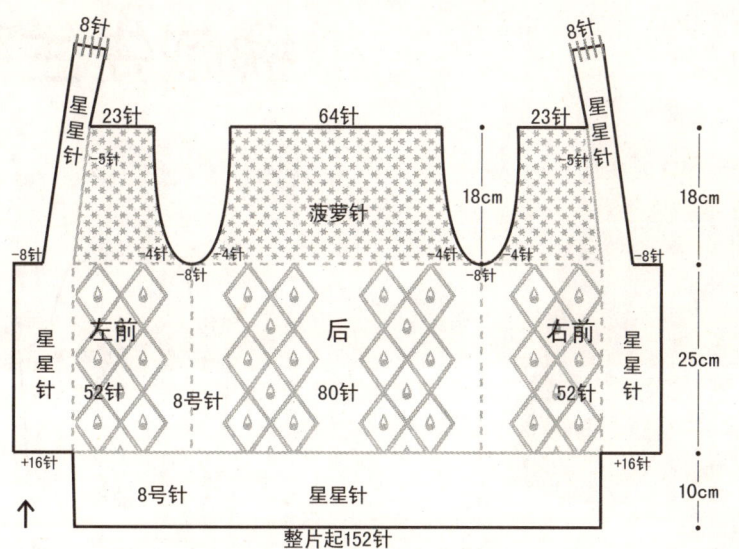

8针   8针

23针   64针   23针 星星针

星星针 −5针   菠萝针   −5针

18cm   18cm

−8针   −4针   −4针   −4针   −4针   −8针

−8针   −8针

星星针   左前   后   右前   星星针

52针   8号针   80针   52针

25cm

+16针   +16针

8号针   星星针   10cm

整片起152针

整体排花：

16	1	26	1	16	1	26	1	8	1	26	1	16	1	26	1	16
星星针	反针	葡萄园针	反针	星星针	反针	葡萄园针	反针	星星针	反针	葡萄园针	反针	星星针	反针	葡萄园针	反针	星星针

Tips

注意领口的减针方法，是在8针星星针的内侧压减针，星星针不变。

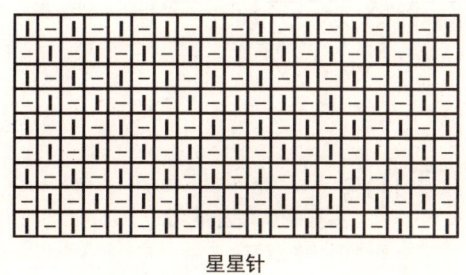

星星针

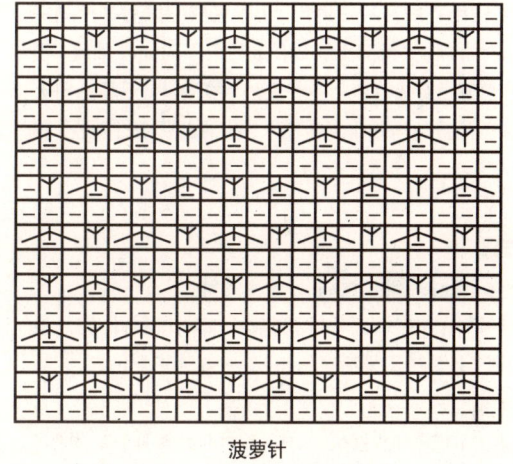

菠萝针

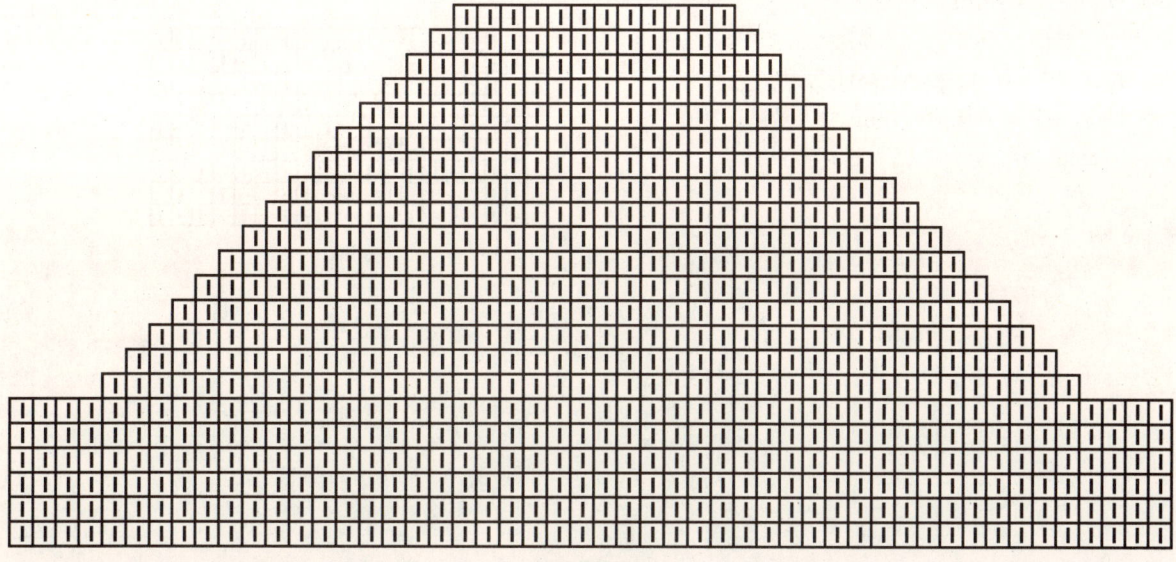

袖山减针方法

sweet couple

挪威先生开衫

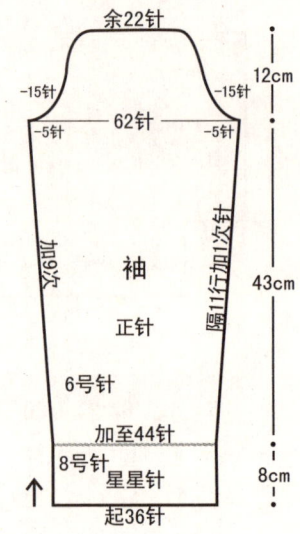

余22针

−15针   62针   −15针   12cm

−5针   −5针

袖

正针

隔11行加1次针

加6针

43cm

6号针

加至44针

8号针   星星针

8cm

起36针

材　料	用量（克）	工　具
273规格纯毛粗线	550	6号针、8号针
尺寸（厘米）	衣长60　袖长63　胸围103　肩宽37	
平均密度	20针 × 25行＝10cm²范围内	

编织简述

　　从下摆起针后整片往返向上织，完成下摆后在两侧平加针合成大片后依然向上往返织，至腋下时先减袖窿，领口后减针，前后肩头缝合后挑织领边；袖口起针后环形向上织，同时在袖腋处规律加针至腋下，减袖山后余针平收，与正身整齐缝合。

编织步骤

§1. 用8号针起192针往返织8厘米星星针。

§2. 换6号针，并在192针的两侧各平加7针星星针，整片按排花往返向上织29厘米后减袖窿，①平收腋正中10针，②隔1行减1针减5次。

§3. 距后脖10厘米时减领口，①平收7针星星针门襟，②隔1行减1针减10次。前后肩头缝合后，用8号针从领口挑出70针往返织4厘米星星针后收平边形成小翻领。

§4. 袖口用8号针起36针环形织8厘米星星针后，换6号针统一加至44针改织正针，同时在袖腋处隔11行加1次针，每次加2针，共加9次，总长至51厘米时减袖山，①平收腋正中10针，②隔1行减1针减15次。余针平收，与正身整齐缝合。

领

挑20针

共70针

星星针

挑25针

挑25针

8号针

4cm

Tips

挑织翻领时注意
门襟处不必挑针。

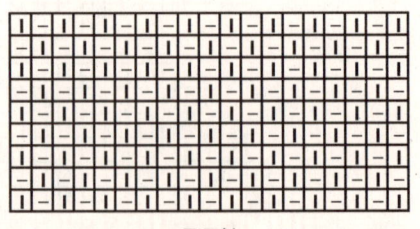

星星针

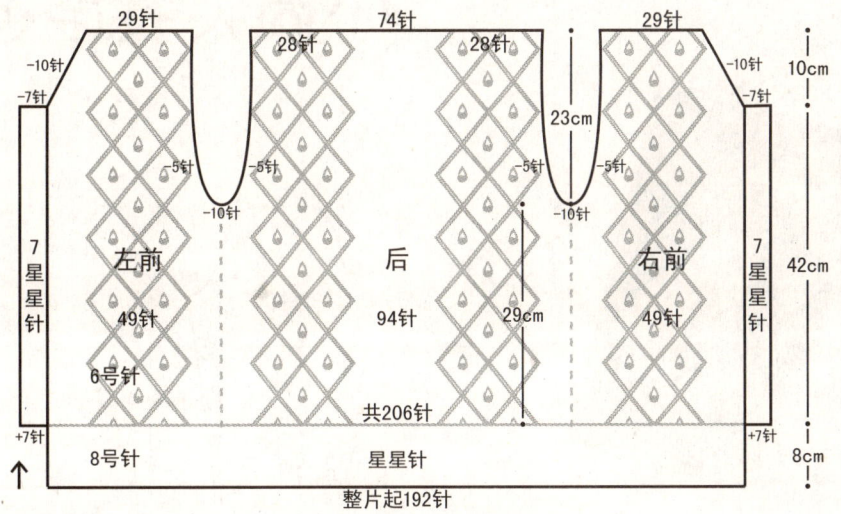

整体排花:

7	11	1	26	1	20	1	26	1	18	1	26	1	20	1	26	1	11	7
星星针	正针	反针	葡萄园针	反针	正针	反针	葡萄园针	反针	正针	反针	葡萄园针	反针	正针	反针	葡萄园针	反针	正针	星星针

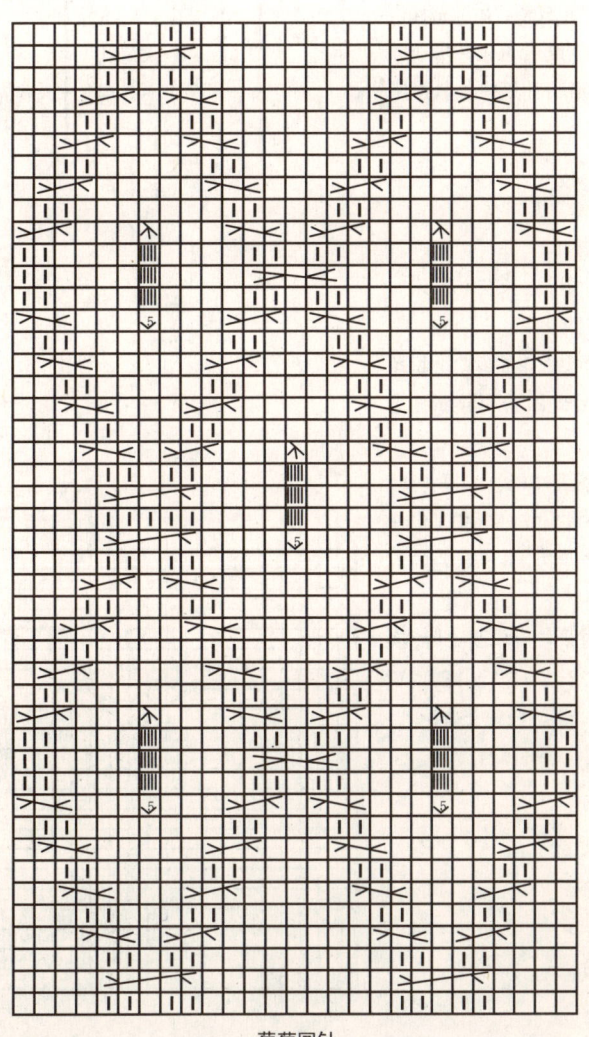

葡萄园针

小荷尖尖连衣裙

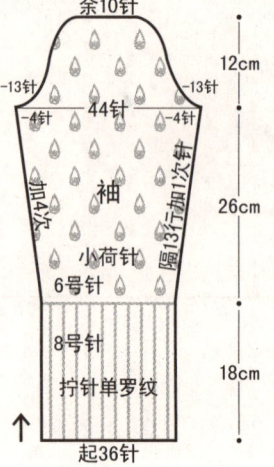

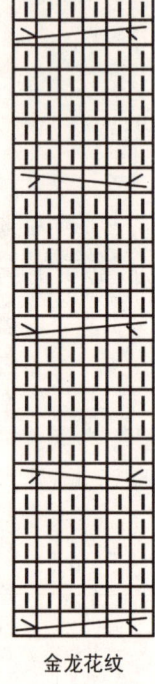

图示标注：余10针 / 12cm / -13针 / -13针 / 44针 / -4针 / -4针 / 加14次 / 袖 / 圈137行加12次针 / 26cm / 小荷针 / 6号针 / 8号针 / 18cm / 拧针单罗纹 / 起36针

金龙花纹

材 料	用量（克）	工 具
273规格纯毛粗线	600	6号针、8号针
尺寸（厘米）	裙长70 袖长56 胸围62 肩宽26	
平均密度	20针×24行=10cm²范围内	

编织简述

    从裙摆起针后环形向上织，统一减针后形成收腰效果，同时平收前片正中针目往返向上织片，先减领口后减袖窿，前后肩头缝合后挑织领片，最后在领底缝合侧领片形成领子；袖口起针后环形向上织，同时在袖腋处规律加针至腋下，减袖山后余针平收，与正身整齐缝合。

编织步骤

§1. 用8号针起160针环形织2厘米锁链针。

§2. 换6号针统一加至180针改织小荷针，总长至35厘米时换8号针统一减至124针改织5厘米拧针单罗纹。

§3. 取前片正中的12针平收，余112针按排花往返向上织10厘米后减领口，①在领一侧隔1行减1针减8次，②余针向上直织。

§4. 总长至52厘米时减袖窿，①平收腋正中8针，②隔1行减1针减4次。前后肩头缝合后，从领口处挑出162针用6号针按花纹往返织领子，总长至6厘米时松收平边，并将领片的侧边与领底平收的12针处重叠缝合。

§5. 袖口用8号针起36针环形织18厘米拧针单罗纹后，换6号针改织小荷针，同时在袖腋处隔13行加1次针，每次加2针，共加4次，总长至44厘米时减袖山，①平收腋正中8针，②隔1行减1针减13次，余针平收，与正身整齐缝合。

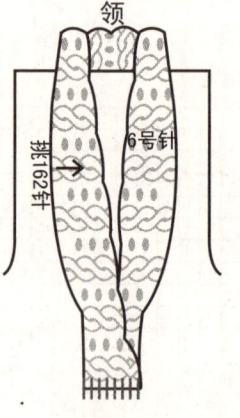

领 / 挑162针 / 6号针 / 6cm

Tips

    在前领底重叠缝合领片时，注意右上左下。

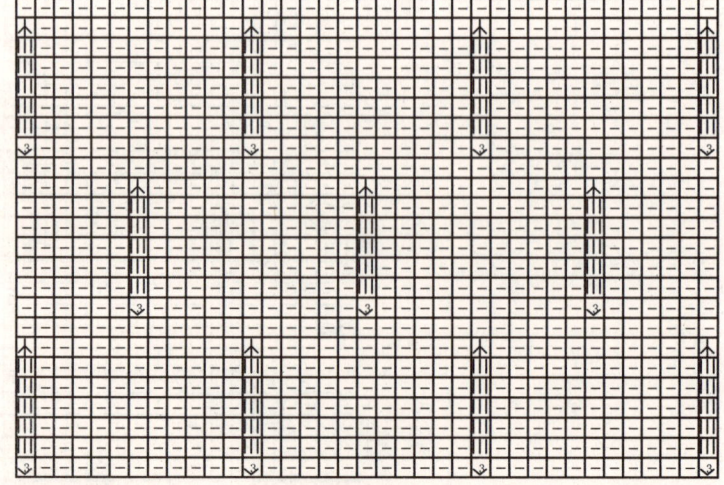

小荷针

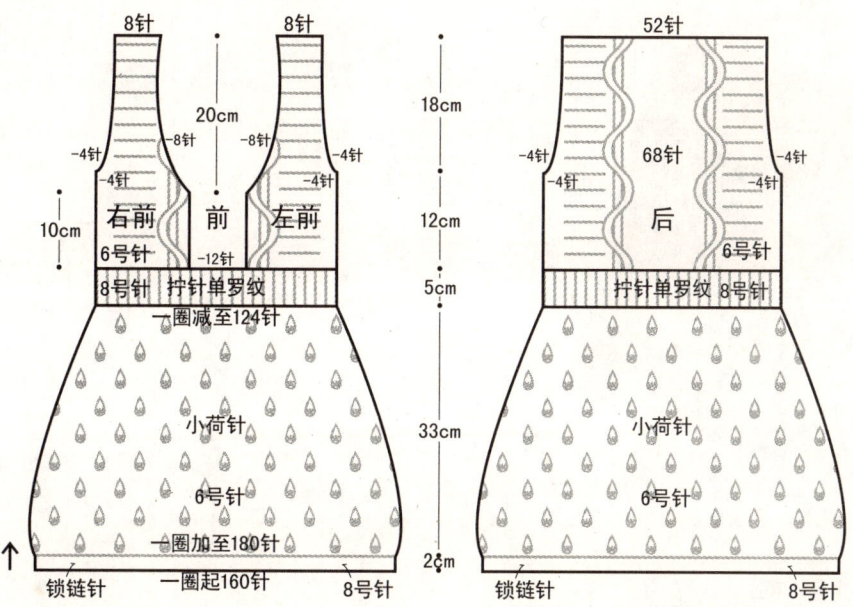

后背正中排花:

1	6	1	8	16	8	1	6	1	20	1	6	1	8	16	8	1	6	1
正针	金龙花纹	反针	宽锁链针	正针	宽锁链针	反针	金龙花纹	反针	正针	反针	金龙花纹	反针	宽锁链针	正针	宽锁链针	反针	金龙花纹	正针

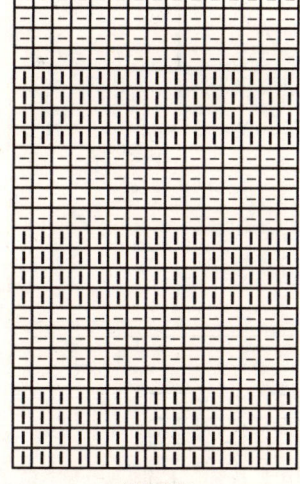

宽锁链针

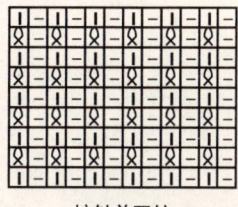

拧针单罗纹

锁链针

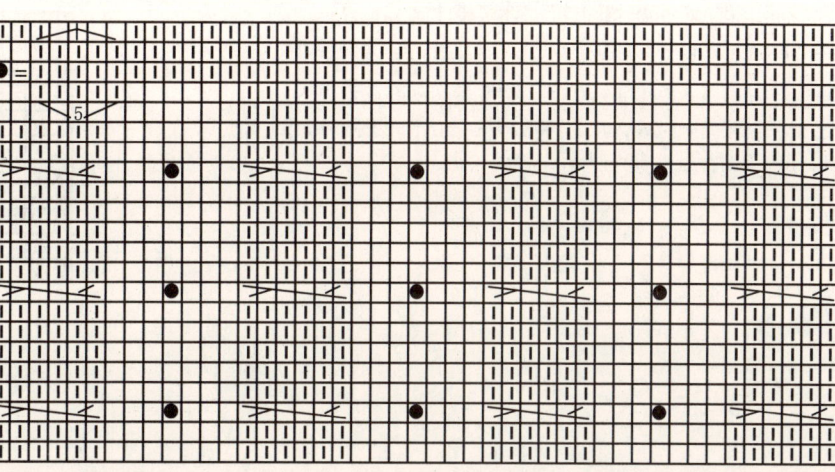

领边麻花

sweet couple

平摆套头毛衫

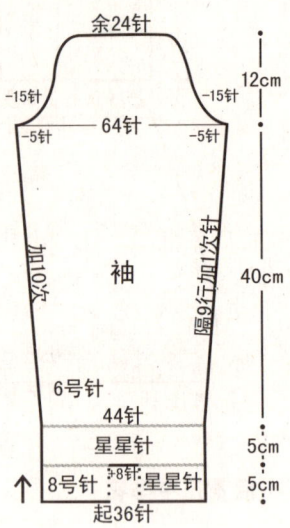

材 料	用量（克）	工 具
273规格纯毛粗线	400	6号针、8号针
尺寸（厘米）	衣长60 袖长62 胸围94 肩宽37	
平均密度	20针 × 25行＝10cm²范围内	

编织简述

起针后往返织下摆片，平加针后合圈环形向上织，先减袖窿后减领口，前后肩头缝合后挑织领子；袖口起针后织片，从正中平加针后环形向上织，同时在袖腋处规律加针至腋下，减袖山后余针平收，与正身整齐缝合。

编织步骤

§1. 用8号针起180针往返织5厘米星星针形成下摆片。

§2. 将下摆片合圈，并在正中平加8针环形向上再织5厘米星星针后换6号针按排花向上织。

§3. 总长至38厘米时减袖窿，①平收腋正中10针，②隔1行减1针减5次。

§4. 距后脖8厘米时减领口，①平收正中14针，②隔1行减3针减1次，③隔1行减2针减2次，④隔1行减1针减1次。前后肩头缝合后，用8号针从领口挑出88针环形织8厘米拧罗纹针后收机械边形成高领。

§5. 袖口用8号针起36针往返织5厘米星星针后，合圈并在正中平加8针合成44针环形向上织5厘米星星针。换6号针按排花向上织，同时在袖腋处隔9行加1次针，每次加2针，共加10次，总长至50厘米时减袖山，①平收腋正中10针，②隔1行减1针减15次。余针平收，与正身整齐缝合。

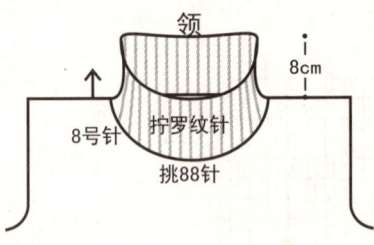

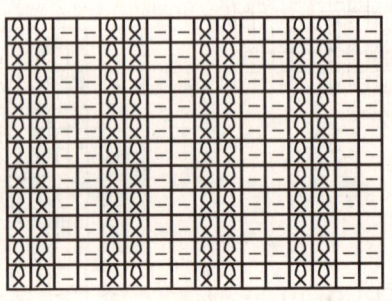

拧罗纹针

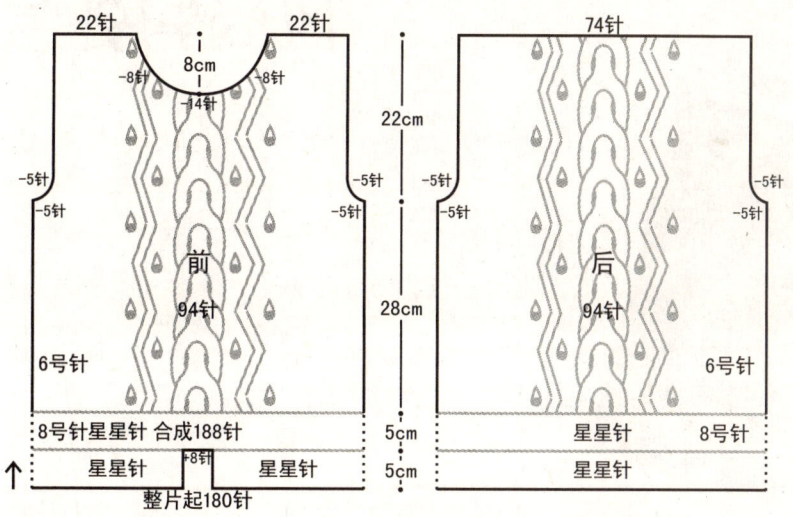

正身排花：

	1	32	1	
	反针	观览车针	反针	
60 正针				60 正针
	1	32	1	
	反针	观览车针	反针	

Tips

注意下摆和领口处，起针后先注返织，平加针后合圈向上织。

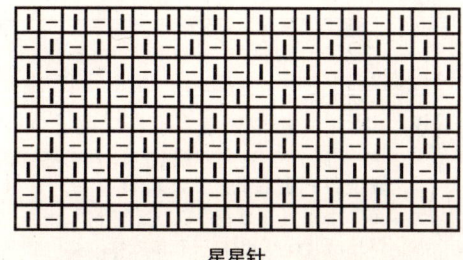

星星针

观览车针

风尚男外套

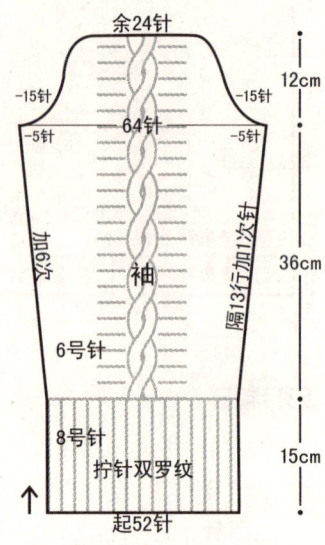

材　料	用量（克）	工　具
276规格纯毛粗线	700	6号针、8号针
尺寸（厘米）	衣长62　袖长63　胸围106　肩宽36	
平均密度	19针 × 25行 ＝ 10cm²范围内	

编织简述

　　从下摆起针后直接往返向上织，只减袖窿不减领口，前后肩头缝合后，门襟依然向上织，相应长后对头缝合形成领子；袖口起针后环形向上织，同时在袖腋处规律加针至腋下，减袖山后余针平收，与正身整齐缝合。

编织步骤

§1. 用6号针起202针按排花往返向上织。

§2. 总长至40厘米时减袖窿，①平收腋正中10针，②隔1行减1针减5次。

§3. 领口不减针，一直向上织，前后肩头缝合后，左右门襟的各30针不缝，依然向上直织，至后脖正中时对头缝合形成后领。

§4. 袖口用8号针起52针环形织15厘米拧针双罗纹后，换6号针按排花向上织，同时在袖腋处隔13行加1次针，每次加2针，共加6次，总长至51厘米时减袖山，①平收腋正中10针，②隔1行减1针减15次，余针平收，与正身整齐缝合。

袖子排花：

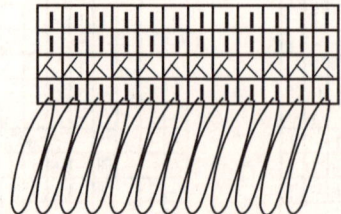

```
余24针
-15针        -15针      12cm
       64针
-5针         -5针
加           隔13行加1次针
9针    袖
       6号针            36cm
8号针
拧针双罗纹            15cm
起52针
```

```
  8    8    8
 锁   麻   锁
 链   花   链
 针   针   针
      28
     正针
```

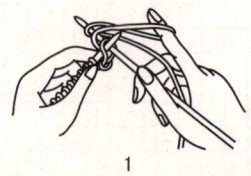
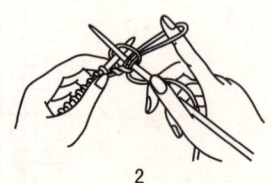

```
4行
3行
2行
1行
绵羊圈圈针
```

第一行：右食指绕双线织正针，然后把线套绕到正面，按此方法织第2针。
第二行：由于是双线所以2针并1针织正针。
第三、四行：织正针，并拉紧线套。
第五行以后重复第一到第四行。

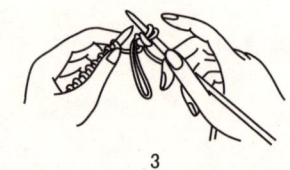

1　　　2　　　3

绵羊圈圈针

sweet couple

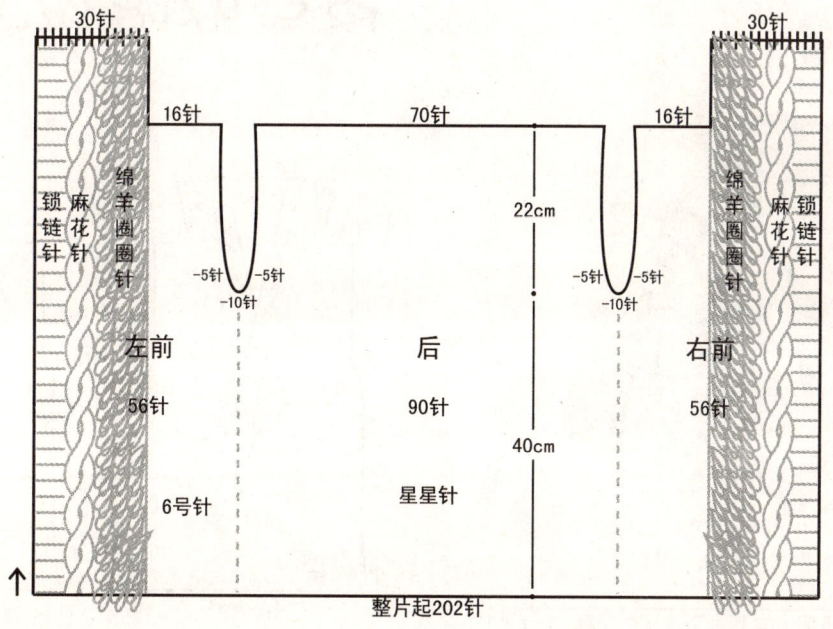

左前 56针

后 90针

右前 56针

30针 30针

16针 70针 16针

-5针 -5针
-10针

22cm

-5针 -5针
-10针

40cm

6号针

星星针

整片起202针

绵羊圈圈针 麻花针 锁链针

整体排花:

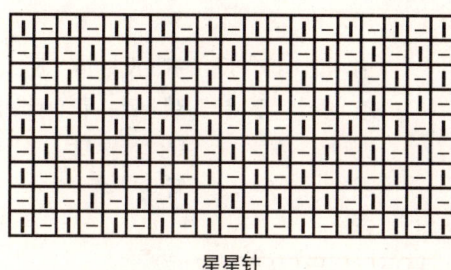

8	1	8	1	12	142	12	1	8	1	8
锁链针	反针	麻花针	反针	绵羊圈圈针	星星针	绵羊圈圈针	反针	麻花针	反针	锁链针

Tips

服装只减袖隆不减领口，不必挑织领子，将门襟向上织相应长后对头缝合形成领子。

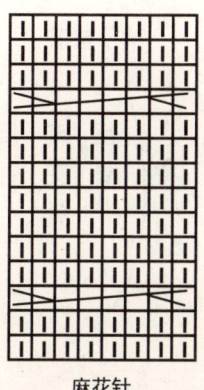

星星针

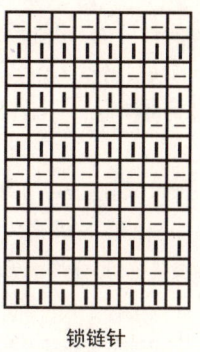

锁链针

麻花针

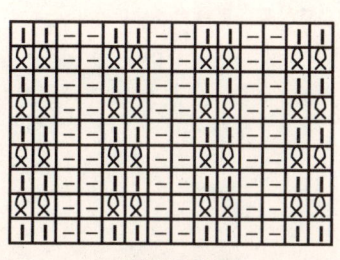

拧针双罗纹

皮草收腰短上衣

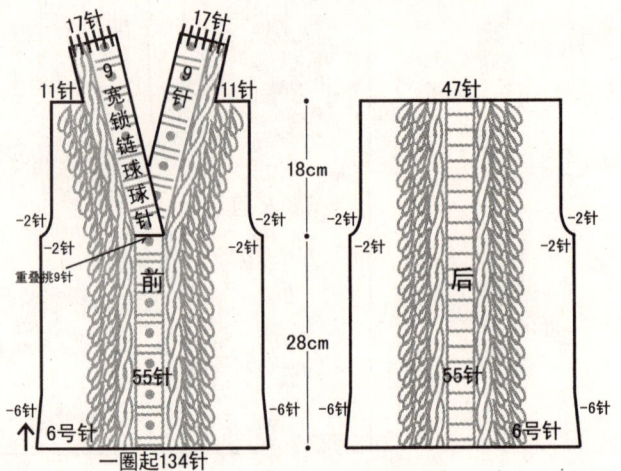

材　料	用量（克）	工　具
273规格纯毛粗线	500	6号针
尺寸（厘米）	衣长46 袖长55 胸围57 肩宽24	
平均密度	19针 × 25行 = 10cm²范围内	

编织简述

从下摆起针后环形向上织，并在两肋减针形成收腰效果；减袖窿和领口重叠挑针同时进行，前后肩头缝合后，左右领片不缝，依然按花纹向上直织，至后脖正中时对头缝合形成领子；袖口起针后按排花环形向上织，同时在袖腋处规律加针至腋下，减袖山后余针平收，与正身整齐缝合。

编织步骤

§1. 用6号针起134针按排花环形向上织，同时在两肋处隔3行前后片各减1针，每次减2针，共减6次，整圈共减24针。

§2. 总长至28厘米时减袖窿，①平收腋正中4针，②隔1行减1针减2次。

§3. 距后脖18厘米时，取前片正中的9针宽锁链球球针重叠挑针，同时分左右片向上织。前后肩头各取11针缝合后，17针领边不缝，依然按花纹向上直织，至后脖正中时对头缝合形成领子。

§4. 袖口用6号针起32针按排花环形向上织，同时在袖腋处隔15行加1次针，每次加2针，共加7次，总长至24厘米时，再改织20厘米星星针并减袖山，①平收腋正中6针，②隔1行减1针减13次，余针平收，与正身整齐缝合。

Tips

注意后片正中是宽条纹针，没有球球。

正身排花：

10	1	6	1	9	1	6	1	10	
绵羊圈圈针	反针	麻花针	反针	宽锁链球球针	反针	麻花针	反针	绵羊圈圈针	22星星针

10	1	6	1	9	1	6	1	10	
绵羊圈圈针	反针	麻花针	反针	宽锁链球球针	反针	麻花针	反针	绵羊圈圈针	22星星针

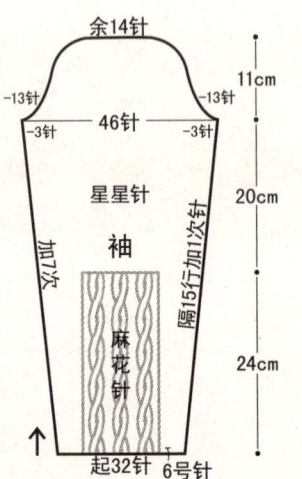

袖子排花：

1	6	1	6	1	6	1
反针	麻花针	反针	麻花针	反针	麻花针	反针

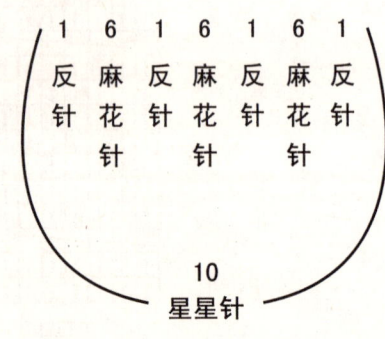

10
星星针

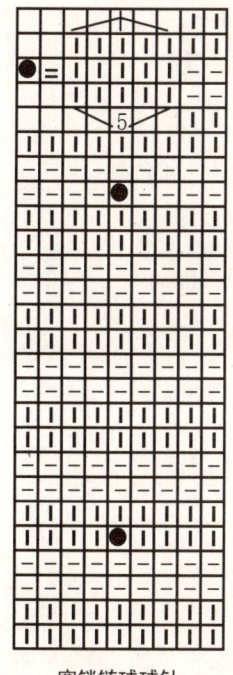

宽锁链球球针

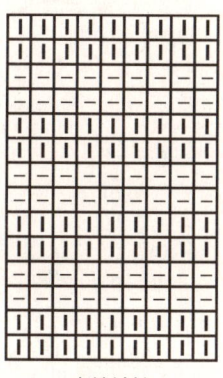

宽锁链针

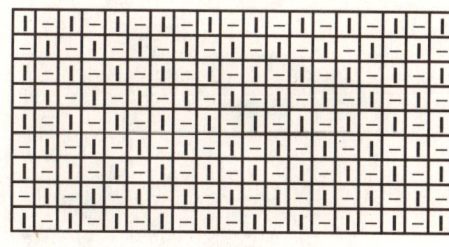

星星针

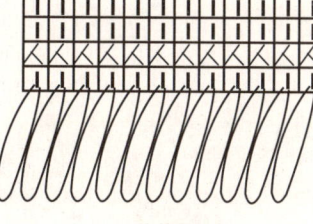

4行
3行
2行
1行

绵羊圈圈针

第一行: 右食指绕双线织正针, 然后把线
套绕到正面, 按此方法织第2针。
第二行: 由于是双线所以2针并1针织正针。
第三、四行: 织正针, 并拉紧线套。
第五行以后重复第一到第四行。

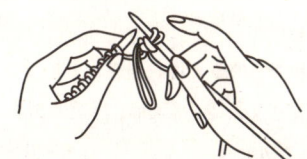

麻花针

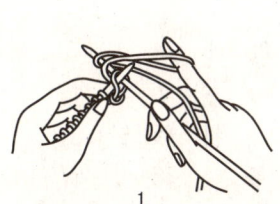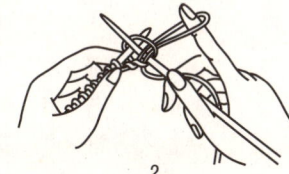

1   2   3

绵羊圈圈针

袖山减针方法

男式多变披风

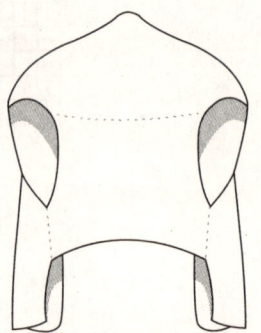

材　料	用量（克）	工　具
273规格纯毛粗线	400	6号针
尺寸（厘米）	以实物为准	
平均密度	20针 × 25行 ＝ 10cm²范围内	

编织简述

按花纹织一条长围巾后，另线起针织后片，将两者按要求缝合形成披肩。

编织步骤

§1. 用6号针起58针往返织8厘米拧针双罗纹。

§2. 不加减针按排花往返织124厘米后，再改织8厘米拧针双罗纹后收边形成长围巾。

§3. 另线起105针往返织32厘米阿尔巴尼亚罗纹针形成后片，然后与长围巾正中40厘米位置缝合，并按相同字母缝合左右腋下。

长围巾排花：

3	1	14	1	20	1	14	1	3
锁链针	反针	V形花纹	反针	麻花条纹针	反针	V形花纹	反针	锁链针

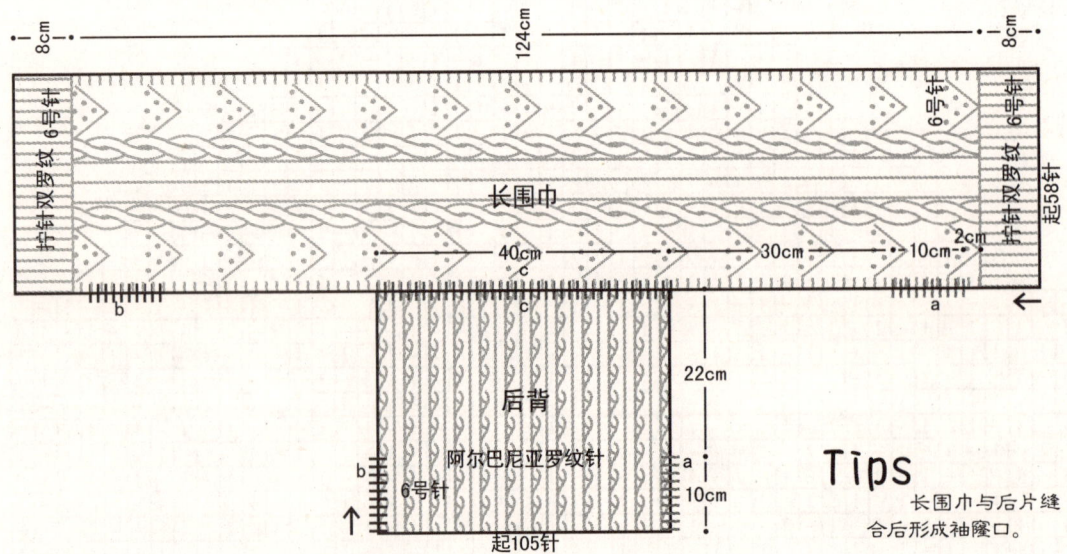

Tips

长围巾与后片缝合后形成袖窿口。

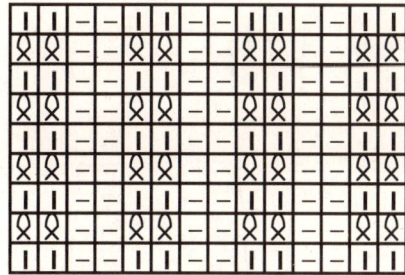

拧针双罗纹

麻花条纹针

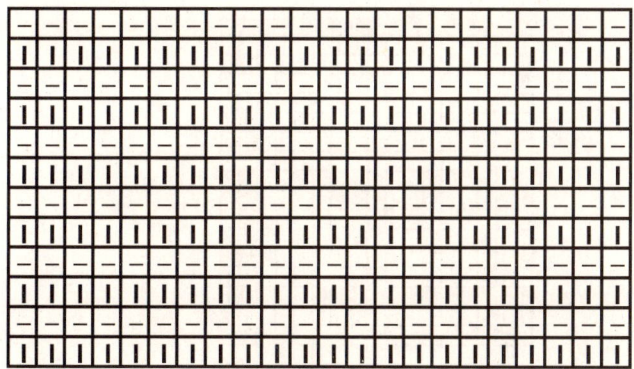

锁链针

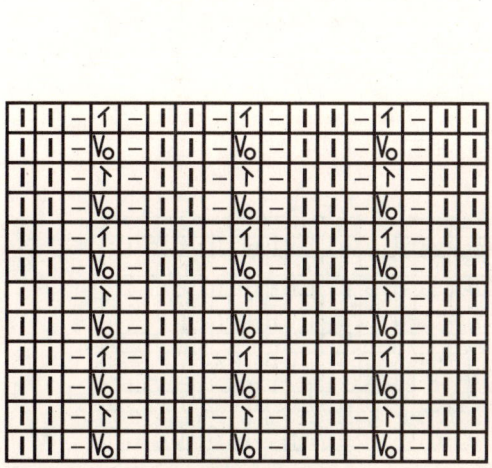

阿尔巴尼亚罗纹针

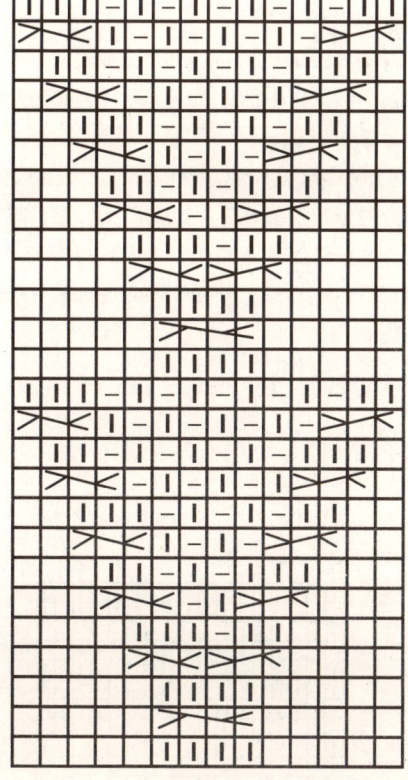

V形花纹

创意围巾披肩

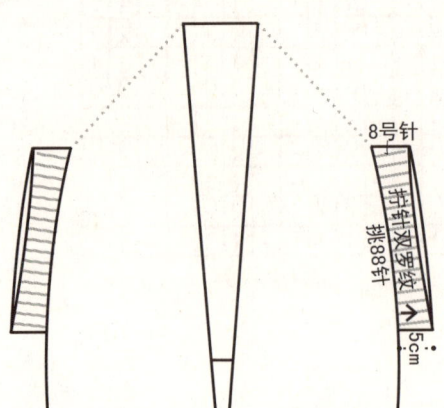

材　料	用量（克）	工　具
273规格纯毛粗线	400	6号针、8号针
尺寸（厘米）	以实物为准	
平均密度	20针 × 25行 = 10cm² 范围内	

编织简述

按花纹织一条长围巾后，另线起针织后片，将两者按要求缝合形成袖窿口，并从此处挑织短袖。

编织步骤

§1. 用6号针起60针往返织5厘米拧针双罗纹。

§2. 不加减针按排花往返织130厘米后，再织5厘米拧针双罗纹后收边形成长围巾。

§3. 用8号针另线起102针往返织5厘米拧针双罗纹后，换6号针按排花往返织27厘米后收针形成后片，然后与长围巾正中40厘米位置缝合，并按相同字母缝合左右腋下。

§4. 从袖窿口环形挑出88针用8号针织5厘米拧针双罗纹后收针形成短袖。

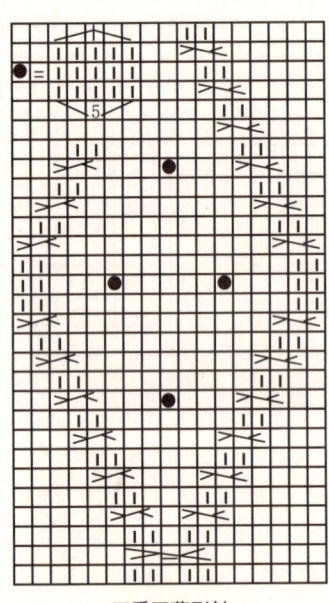

四季豆菱形针

桂花针

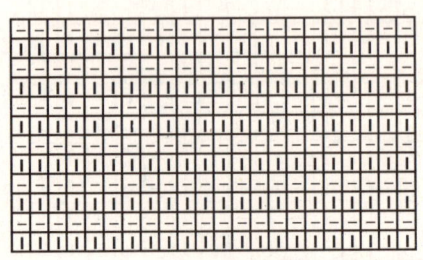

锁链针

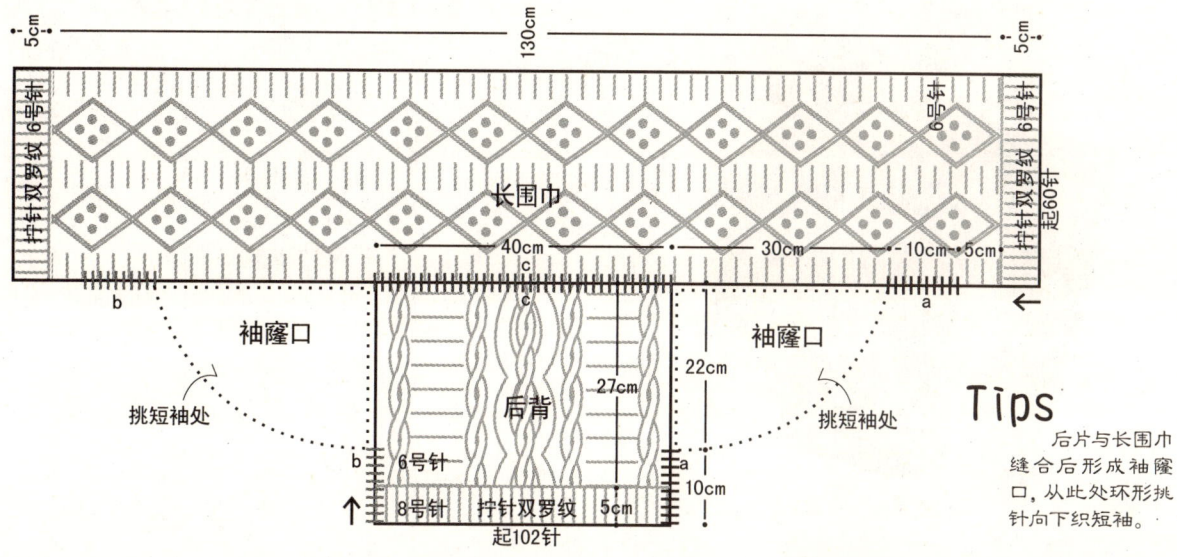

长围巾

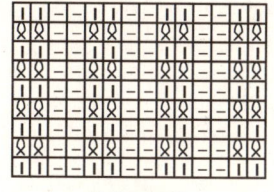

后背

袖窿口 　　　　　袖窿口

挑短袖处 　　　　　挑短袖处

Tips
后片与长围巾缝合后形成袖窿口，从此处环形挑针向下织短袖。

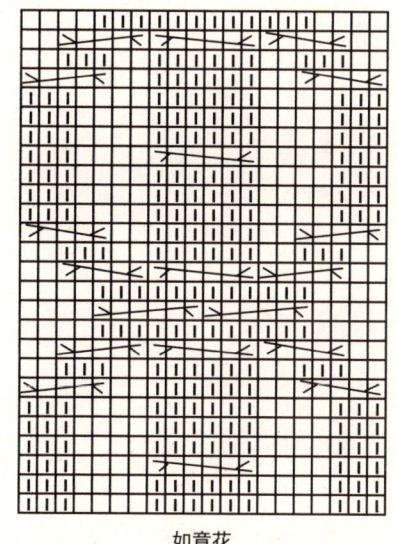

6号针

8号针　拧针双罗纹　5cm

起102针

后背排花：

5	1	6	1	20	1	6	1	20	1	6	1	20	1	6	1	5
桂花针	反针	麻花针	反针	横条纹针	反针	麻花针	反针	如意花	反针	麻花针	反针	横条纹针	反针	麻花针	反针	桂花针

长围巾排花：

7	1	17	1	8	1	17	1	7
锁链针	反针	四季豆菱形针	反针	锁链针	反针	四季豆菱形针	反针	锁链针

如意花

拧针双罗纹

麻花针

横条纹针

时尚多用围巾

材　料	用量（克）	工　具
273规格纯毛粗线	400	6号针、8号针
尺寸（厘米）	长170　宽33	
平均密度	20针 × 25行 = 10cm² 范围内	

编织简述

按花纹织一条长围巾，然后在围巾的两端挑织口袋。

编织步骤

§1. 用8号针起66针往返织26厘米星星针。

§2. 换6号针按排花往返织118厘米。

§3. 重新换8号针再织26厘米星星针后收针形成长围巾。

§4. 用8号针从围巾下沿向上5厘米处正中挑出30针往返织10厘米星星针后，从一侧每行减1针，共减15次，余针平收，并沿标注线将口袋片与围巾缝合。

口袋：

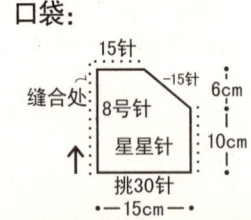

15针
缝合处　　8号针　　−15针
星星针　　6cm
↑　　　10cm
挑30针
—15cm—

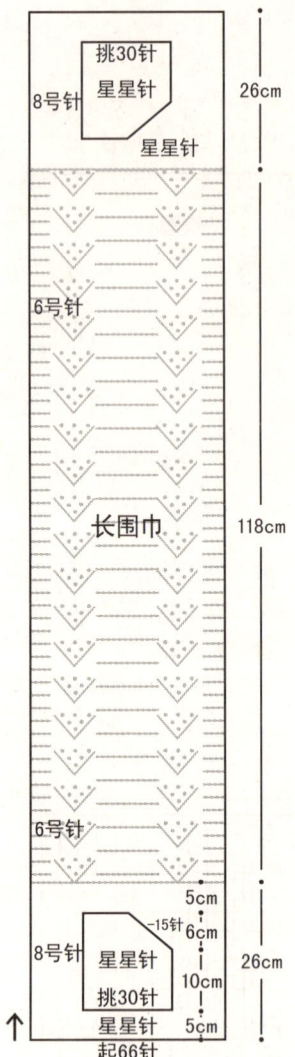

挑30针
星星针
8号针　　　　26cm
星星针

6号针

长围巾　　118cm

6号针

−15针
6cm
星星针
挑30针　　10cm
星星针
起66针　　5cm
26cm
5cm
↑

Tips

注意两口袋对称编织。

围巾排花：

7	1	14	1	20	1	14	1	7
锁链针	反针	V形花纹	反针	横条纹针	反针	V形花纹	反针	锁链针

星星针口袋减针方法

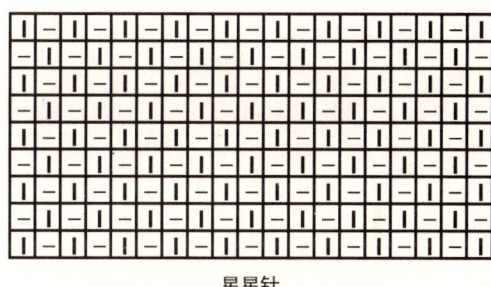

V形花纹

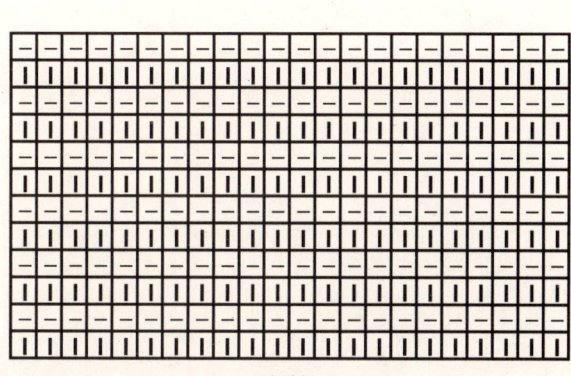

星星针

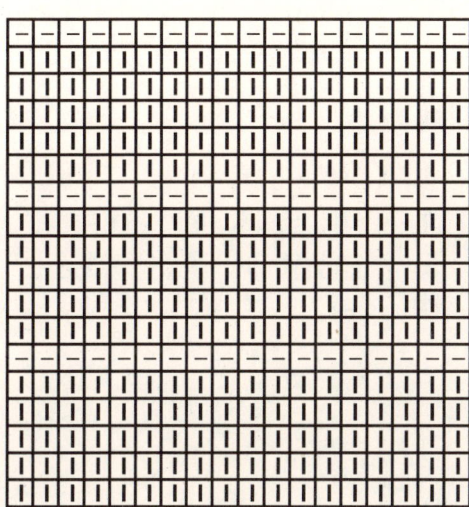

横条纹针

锁链针

24
P42

多用韩风披肩

材　料	用量（克）	工　具
278规格纯毛粗线	400	6号针、8号针
尺寸（厘米）	长170　宽33	
平均密度	20针 × 25行 = 10cm² 范围内	

编织简述

　　按花纹织一条长围巾，然后在围巾的两端挑织长方形片并缝合两侧形成口袋。

编织步骤

§1. 用6号针起66针往返织8厘米拧针双罗纹。

§2. 不加减针按排花往返织154厘米后，改织8厘米拧针双罗纹并收机械边形成长围巾。

§3. 用8号针从长围巾一端拧针双罗纹上方正中挑出30针，往返织15厘米宽锁链针后紧收平边，并将两侧与围巾缝合。

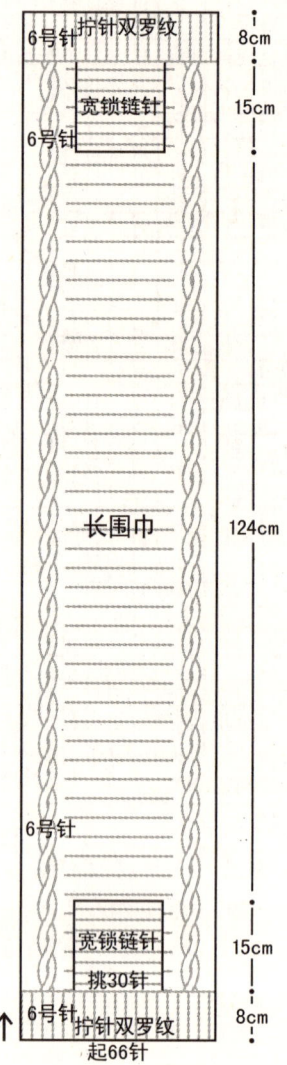

6号针　拧针双罗纹　　8cm

宽锁链针　　　15cm

6号针

长围巾　　124cm

6号针

宽锁链针
挑30针　　15cm

↑6号针　拧针双罗纹　　8cm
起66针

Tips

　　口袋完成后注意紧收平边，防止口袋边过于松懈。

口袋：

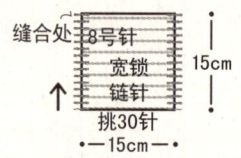

缝合处　8号针
　　　　宽锁
　　↑　链针　　15cm
　　　　挑30针
　　—15cm—

围巾排花：

6	6	1	40	1	6	6
星星针	麻花针	反针	横条纹针	反针	麻花针	星星针

sweet couple

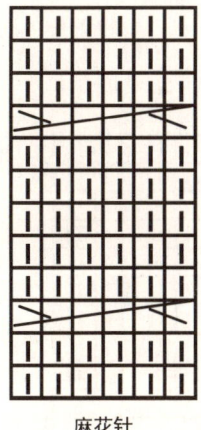

麻花针

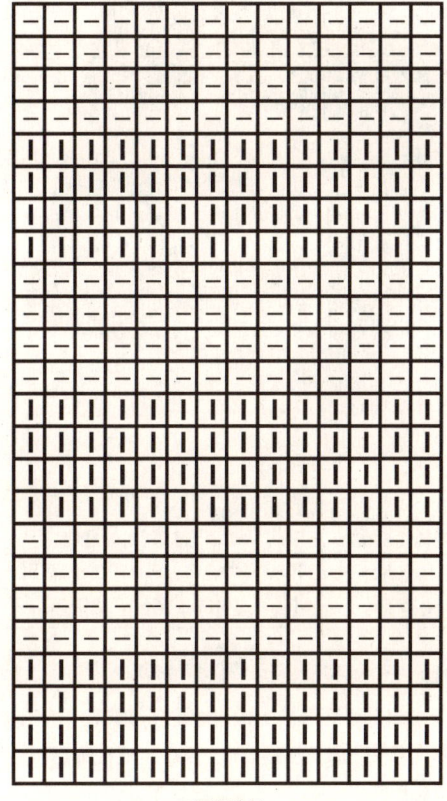

宽锁链针

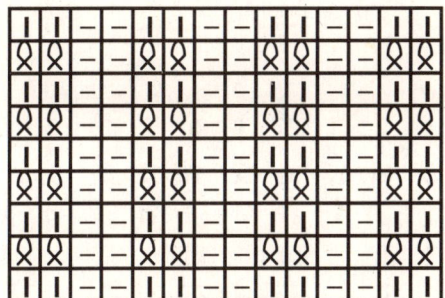

拧针双罗纹

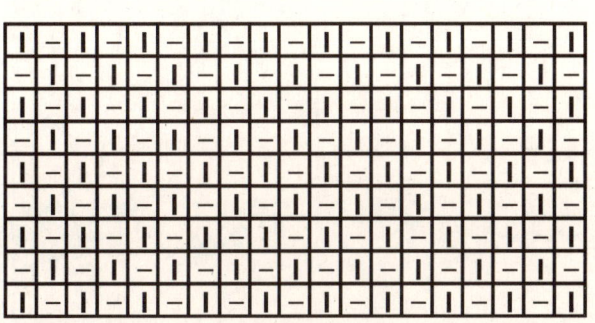

星星针

横条纹针

韩式直角背心

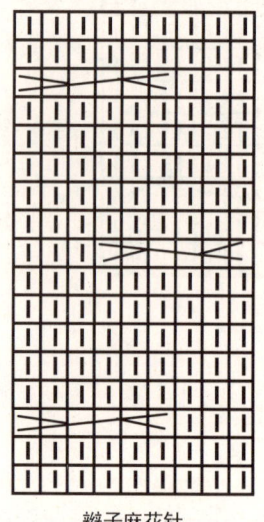

辫子麻花针

材　料	用量（克）	工　具
273规格纯毛粗线	500	6号针、8号针
尺寸（厘米）	衣长61　袖长6　胸围100　肩宽50	
平均密度	21针 × 25行 = 10cm²范围内	

编织简述

　　从下摆起针后环形向上织，先减V形领口，至腋下后分前后片织，并在腋部平加针形成短袖，完成袖窿后，在肩正中缝合前后片形成背心。

编织步骤

　　§1. 用8号针起212针环形织3厘米拧针单罗纹。

　　§2. 换6号针按排花环形向上织28厘米后，①从前片正中均分两小片向上织，②在9针辫子麻花针的外侧隔5行减1次针，共减10次。

　　§3. 总长至36厘米时分前后片织，同时在前后腋部各加12针，四处共加48针。

　　§4. 腋下平加针后向上织25厘米后，在肩头缝合前后片形成背心。

正身排花:

12	2	16	2	9	1	20	1	9	2	16	2	12	
麻花菱形针	反针	菠萝针	反针	辫子麻花针	反针	对拧针	反针	辫子麻花针	反针	菠萝针	反针	麻花菱形针	
2 反针													2 反针
12	2	16	2	9	1	20	1	9	2	16	2	12	
麻花菱形针	反针	菠萝针	反针	辫子麻花针	反针	对拧针	反针	辫子麻花针	反针	菠萝针	反针	麻花菱形针	

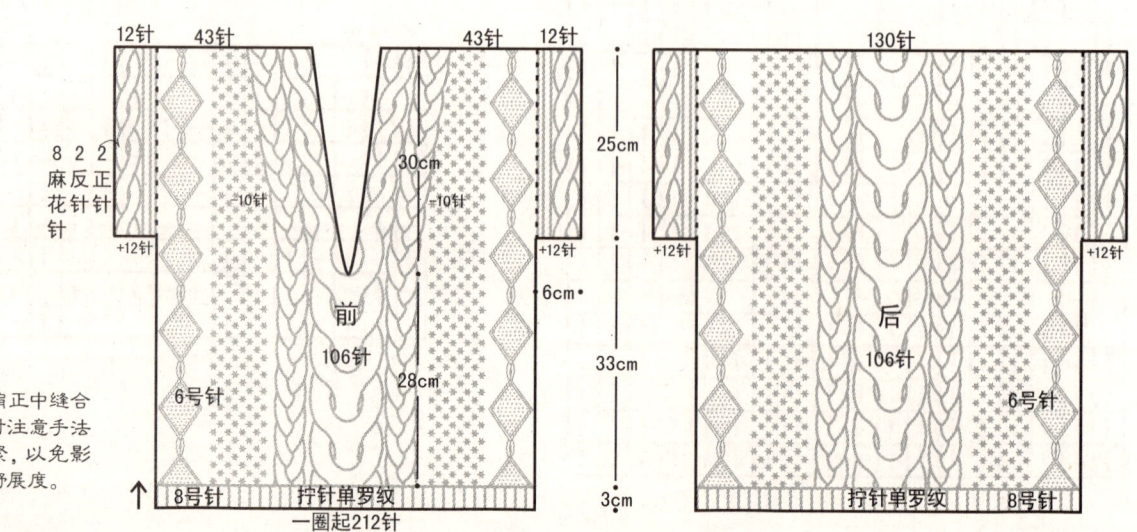

Tips

　　在肩正中缝合前后片时注意手法不可过紧，以免影响服装舒展度。

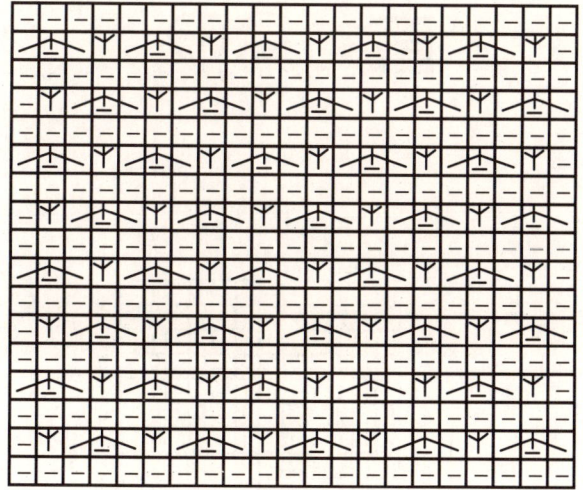

菠萝针

对拧麻花针

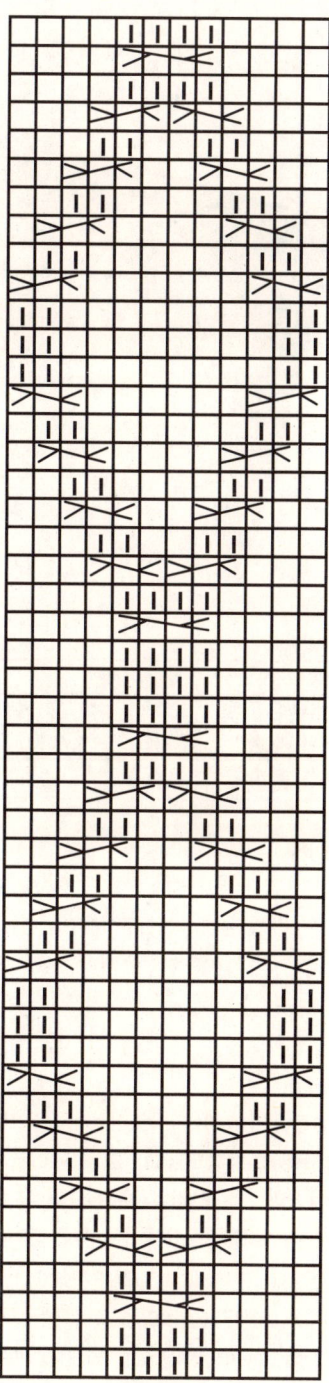

麻花菱形针

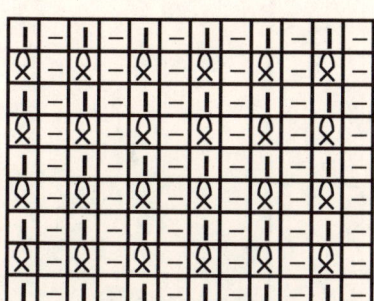

拧针单罗纹

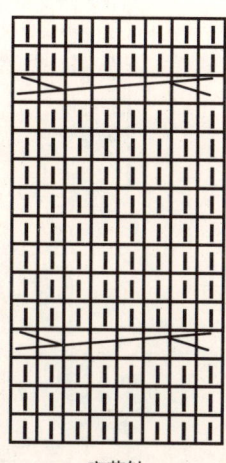

麻花针

直袖马甲

拧针单罗纹

材 料	用量（克）	工 具
273规格纯毛粗线	500	6号针、8号针
尺寸（厘米）	衣长61 袖长7 胸围91 肩宽45	
平均密度	21针 × 25行 = 10cm² 范围内	

编织简述

　　从下摆起针后环形向上织，先减V形领口，至腋下后分前后片织，并在腋部平加针形成短袖，完成袖窿后，在肩正中缝合前后片，门襟不缝，依然向上织，至后脖正中时对头缝合形成领边。

编织步骤

§1. 用8号针起192针环形织3厘米拧针单罗纹。

§2. 换6号针按排花环形向上织28厘米后，①从前片正中均分两小片向上织，②在门襟花纹的外侧隔3行减1针，共减13次。

§3. 总长至36厘米时从腋正中分前后片织，同时在前后腋部各平加15针，四处共加60针按花纹向上织片。

§4. 腋下平加针后向上织25厘米后，缝合前后肩头，门襟的10针麻花不缝，依然向上织，至后脖正中时对头缝合形成领子。

正身排花：

```
    1   20   1
    反   对   反
    针   拧   针
        麻
        花
        针

        170
       星星针
```

Tips

　　前后片在肩部缝合后，门襟的麻花依然向上织，至后脖正中时对头缝合。

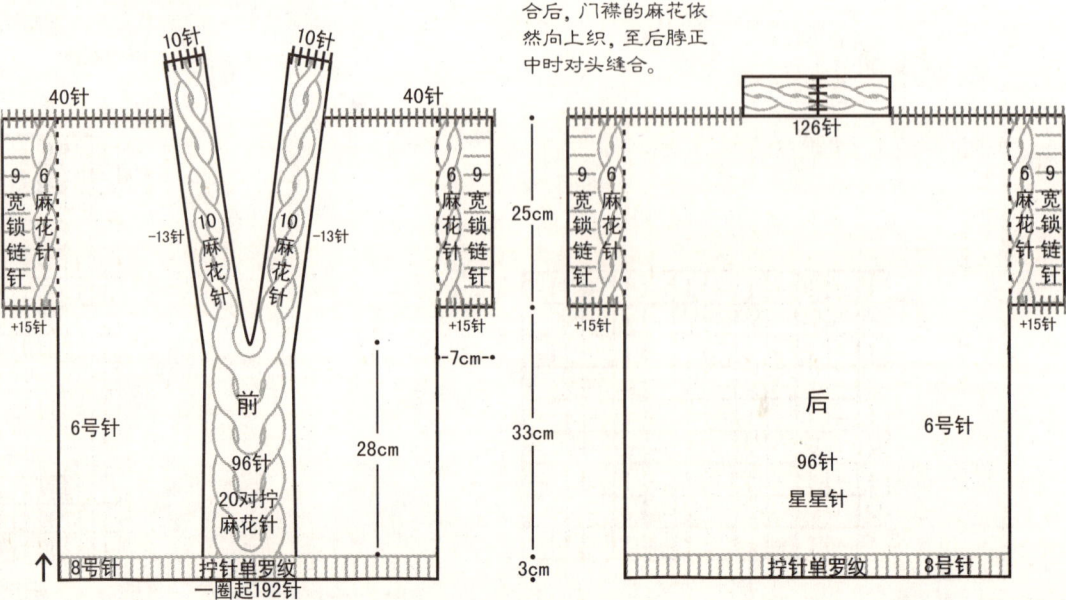

sweet couple

122

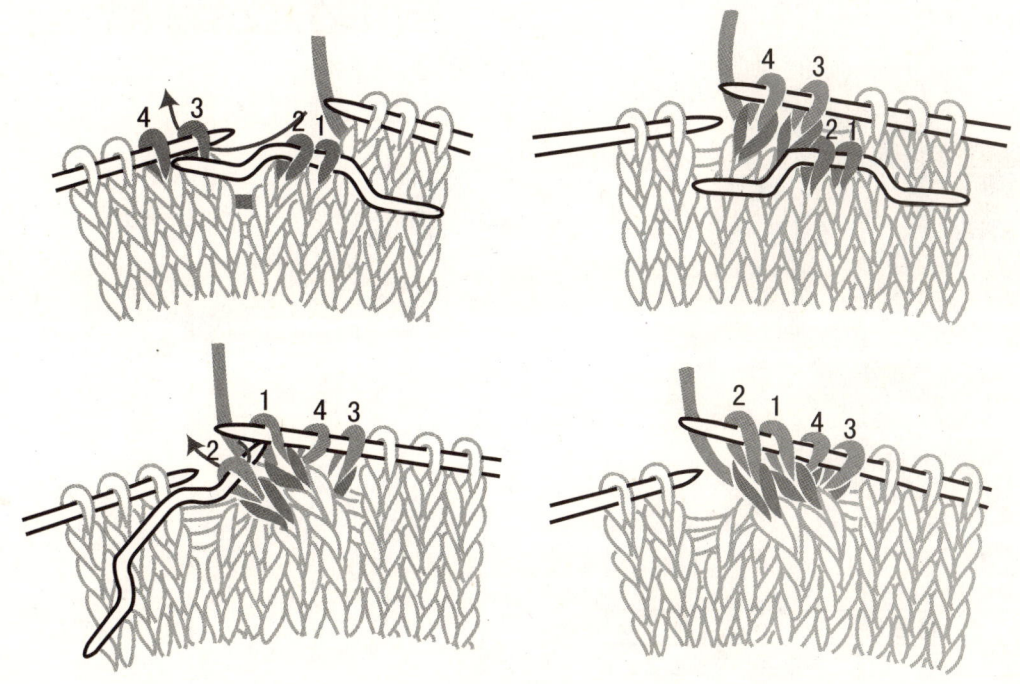

拧麻花的方法

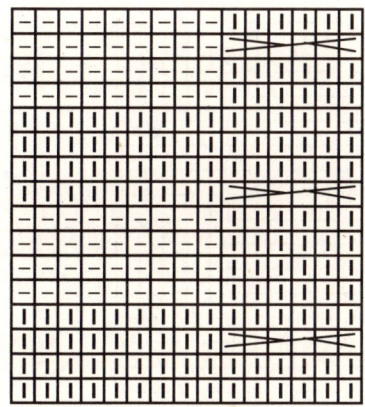

宽锁链针和麻花针

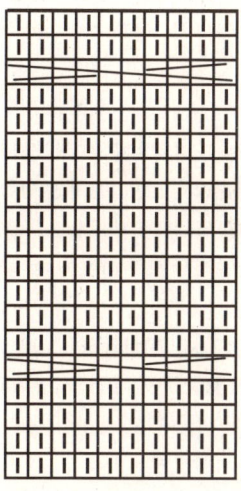

麻花针

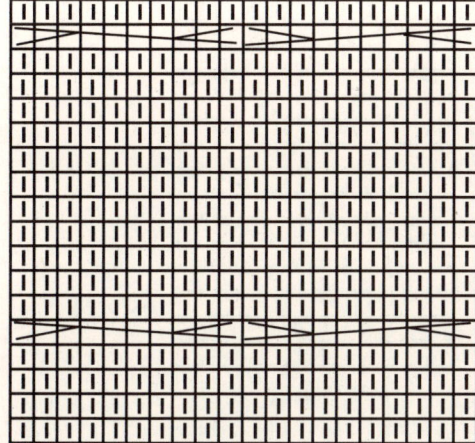

对拧麻花针

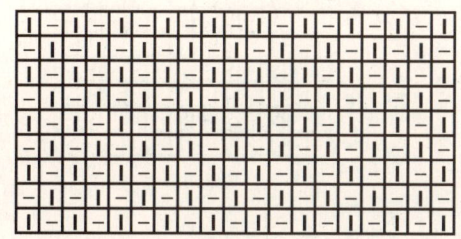

星星针

sweet couple

123

劲酷皮草开衣

27
P48

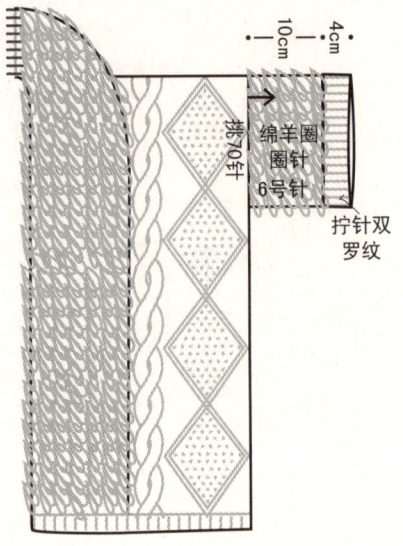

材　料	用量（克）	工　具
278规格纯毛粗线	550	6号针、8号针
尺寸（厘米）	衣长60　袖长14　胸围102　肩宽43	
平均密度	21针 × 25行 = 10cm² 范围内	

编织简述

从下摆起针后整片按花纹向上织，至腋下时分前后片向上织，袖窿不减针，前后肩头缝合后，从袖窿口挑针环形向下织短袖。

编织步骤

§1. 用8号针起216针，往返向上织2厘米拧针单罗纹。

§2. 换6号针按排花往返向上织33厘米后分针织前后片，袖窿不减针，向上织25厘米后缝合前后肩头；30针绵羊圈圈针门襟不缝，依然向上织至后脖正中时，按相同字母对头缝合形成领子。

§3. 用6号针从袖窿口挑出70针环形织10厘米绵羊圈圈针后，改织4厘米拧针双罗纹并收机械边形成袖子。

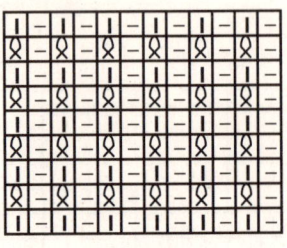

拧针单罗纹

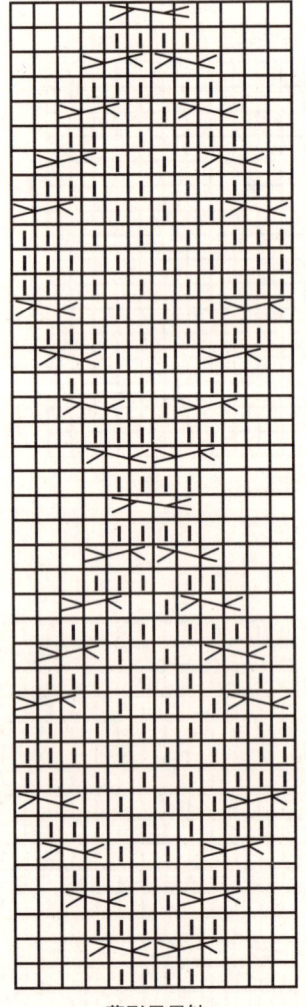

菱形星星针

sweet couple

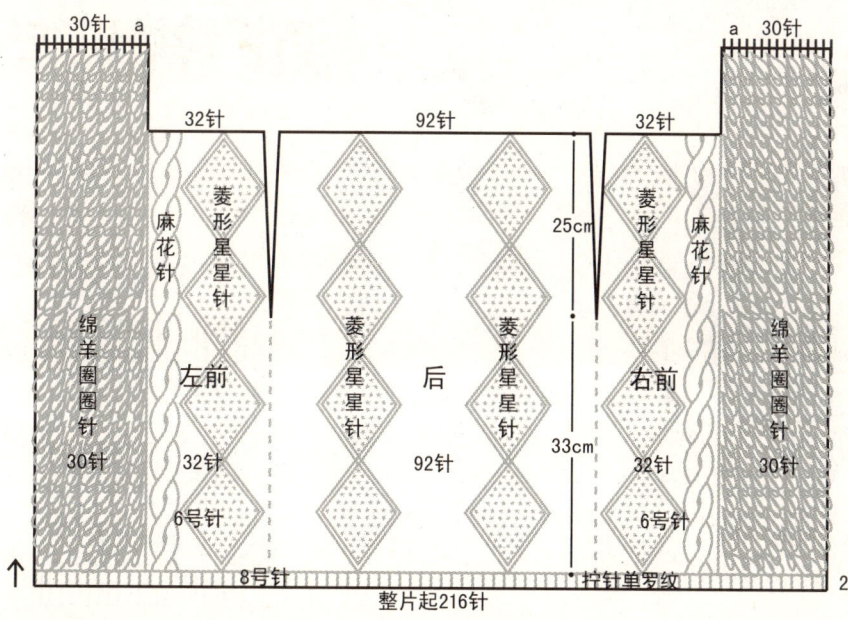

30针 a   a 30针

32针   92针   32针

绵羊圈圈针 30针

麻花针

菱形星星针

左前

菱形星星针

后 92针

菱形星星针

右前

菱形星星针

麻花针

绵羊圈圈针 30针

25cm

33cm

6号针

6号针

8号针

拧针单罗纹

整片起216针

2cm

Tips

注意绵羊圈圈的长度控制在4厘米以内。

整体排花：

30	10	1	12	1	16	1	12	1	48	1	12	1	16	1	12	1	10	30
绵羊圈圈针	麻花针	反针	菱形星星针	反针	正针	反针	菱形星星针	反针	正针	反针	菱形星星针	反针	正针	反针	菱形星星针	反针	麻花针	绵羊圈圈针

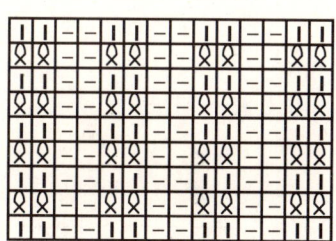

拧针双罗纹

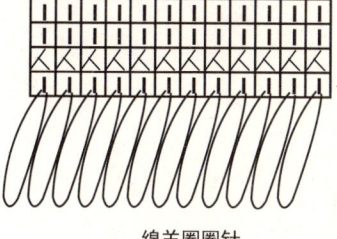

4行
3行
2行
1行

绵羊圈圈针

第一行：右食指绕双线织正针，然后把线套绕到正面，按此方法织第2针。
第二行：由于是双线所以2针并1针织正针。
第三、四行：织正针，并拉紧线套。
第五行以后重复第一到第四行。

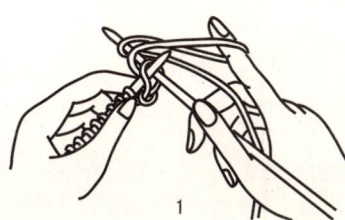

1

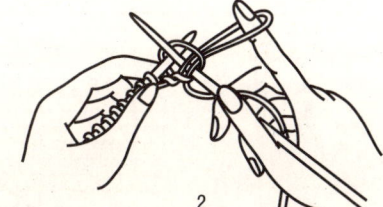

2

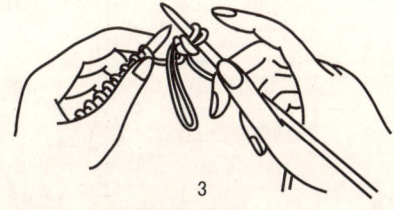

3

绵羊圈圈针

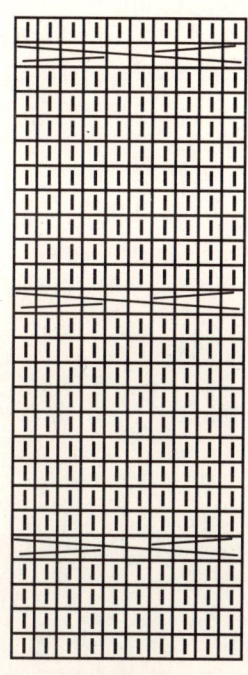

麻花针

sweet couple

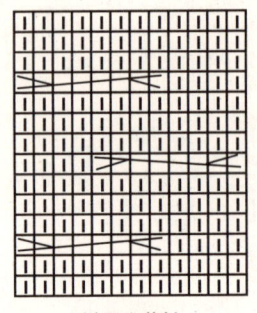

28
P50

材　料	用量（克）	工　具
278规格纯毛粗线	550	6号针、8号针
尺寸（厘米）	衣长60　袖长10　胸围101　肩宽47	
平均密度	21针 × 25行 = 10cm^{2}范围内	

编织简述

　　从下摆起针后整片按花纹向上织，至腋下平加针后向上织形成短袖，分别缝合肩头和腋下后，门襟依然向上织，至后脖正中时对头缝合形成领子。

编织步骤

　　§1. 用8号针起214针往返织，左右各32针织宽锁链针，中间织拧针单罗纹。

　　§2. 至2厘米时换6号针按排花向上织，总长至35厘米时，分针织前后片，并在左右腋下四处各平加20针，边沿8针织宽锁链针，其余12针织辫子麻花针。

　　§3. 腋下平加针后，按花纹向上织25厘米时缝合腋部。前后肩头及袖按相同字母缝合后，32针门襟不缝，向上织至后脖正中后，按相同字母对头缝合形成领子。

辫子麻花针

整体排花：

32	1	20	8	20	1	50	1	20	8	20	1	32
宽锁链针	反针	如意花	反针	如意花	反针	横条纹针	反针	如意花	反针	如意花	反针	宽锁链针

Tips

　　此款服装简单，不必减领口和袖隆，更不必挑织领子，各部分一次性完成。

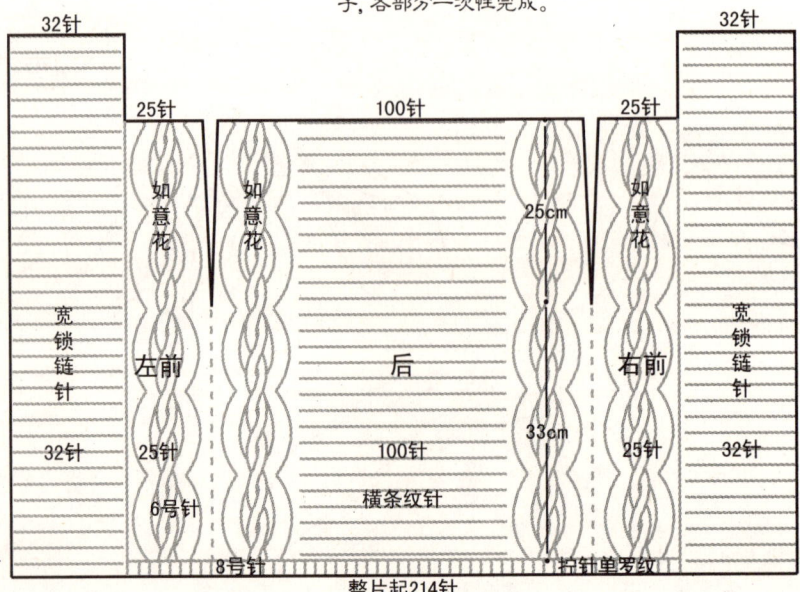

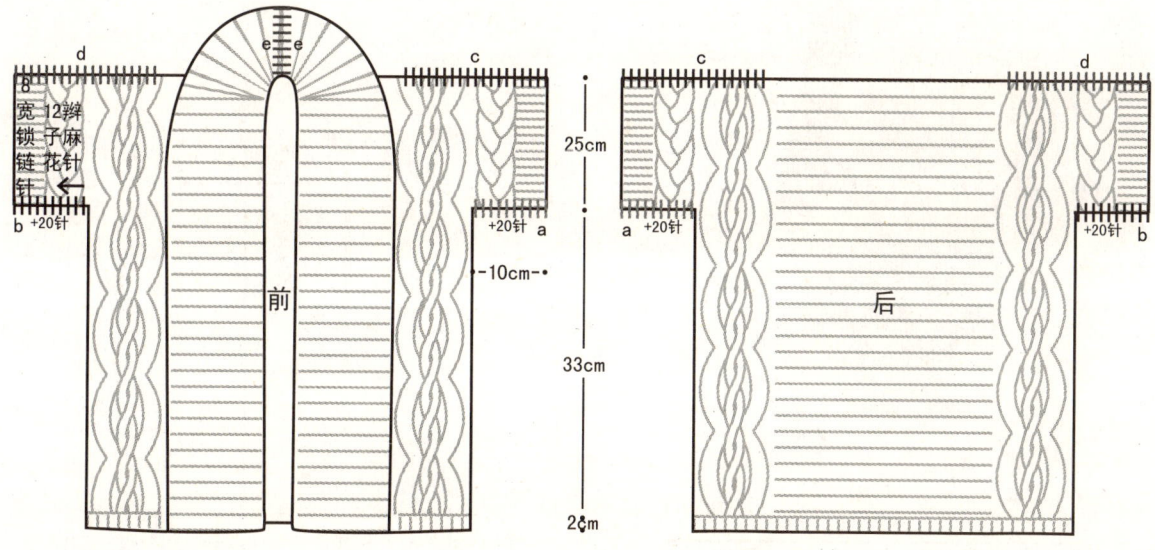

25cm

─10cm─•

33cm

2㎝

宽12辫
锁子麻
链花针

+20针

前

后

+20针

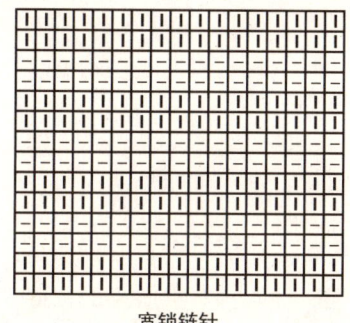

宽锁链针

拧针单罗纹

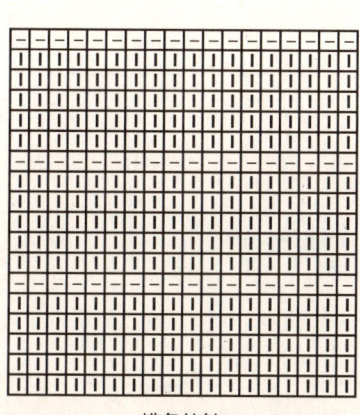

横条纹针

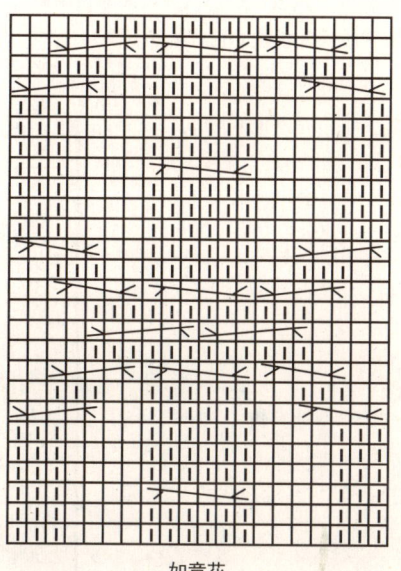

如意花

双排扣韩式短袖衫

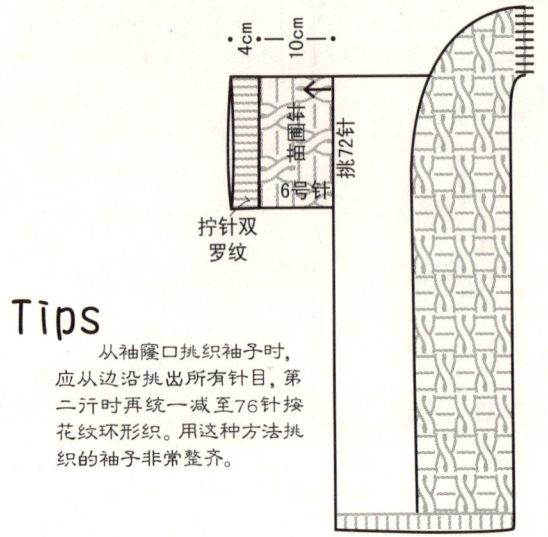

材　料	用量（克）	工　具
278规格纯毛粗线	550	6号针、8号针
尺寸（厘米）	衣长60 袖长14 胸围102 肩宽43	
平均密度	21针×25行＝10cm²范围内	

编织简述

从下摆起针后整片按花纹向上织，至腋下时分前后片向上织，袖窿不减针，前后肩头缝合后，从袖窿口挑针环形向下织短袖后收针。

编织步骤

§1. 用8号针起216针，往返向上织2厘米拧针单罗纹。

§2. 换6号针按排花往返向上织33厘米后分针织前后片，袖窿不减针，向上织25厘米后缝合前后肩头；30针苗圃针门襟不缝，依然向上织至后脖正中时，按相同字母对头缝合形成领子。

§3. 用6号针从袖窿口挑出72针环形织10厘米苗圃针后，改织4厘米拧针双罗纹并收机械边形成袖子。

4cm ─ 10cm ─

苗圃针
6号针
挑72针

拧针双
罗纹

Tips

从袖窿口挑织袖子时，应从边沿挑出所有针目，第二行时再统一减至76针按花纹环形织。用这种方法挑织的袖子非常整齐。

整体排花：

30	53	8	9	16	9	8	53	30
苗圃针	星星针	麻花针	星星针小荷针	对拧麻花针	星星针小荷针	麻花针	星星针	苗圃针

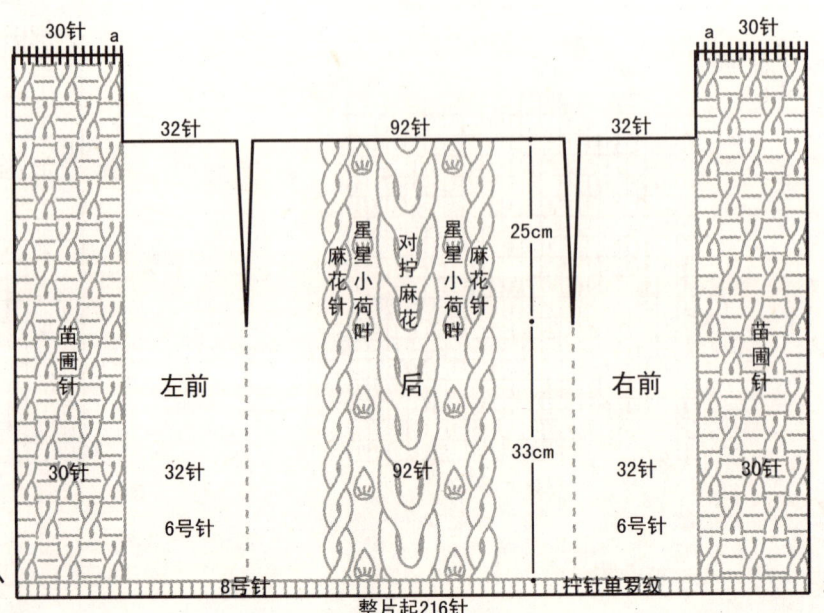

30针　a
32针　92针　32针
a　30针

苗圃针
左前
30针
32针
6号针

星星麻花针小荷叶
对拧麻花
星星小荷叶
后

右前
32针
92针
6号针

苗圃针
30针

25cm
33cm

整片起216针
8号针
拧针单罗纹
2cm

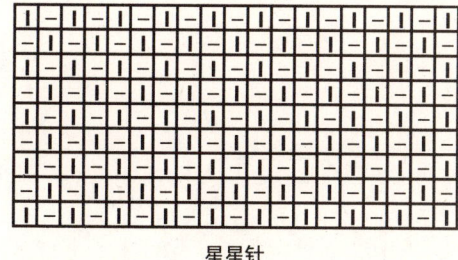

星星针

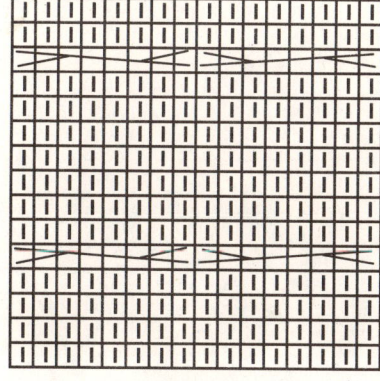

对拧麻花针

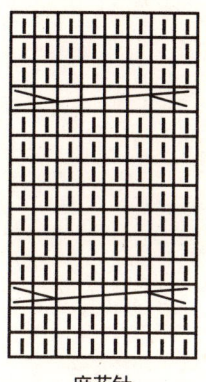

麻花针

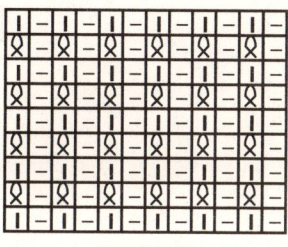

拧针单罗纹

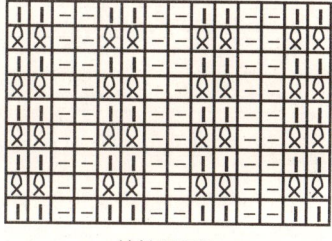

拧针双罗纹

星星小荷针

苗圃针

P54

格子搭领男装

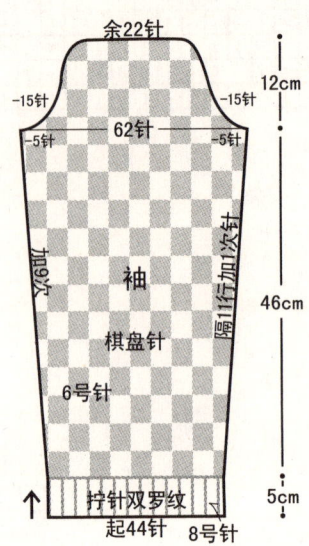

余22针
-15针   -15针   12cm
-5针   62针   -5针

袖

棋盘针

6号针

拧针双罗纹
起44针   8号针   5cm

46cm

材　料	用量（克）	工　具
278规格纯毛粗线	650	6号针、8号针
尺寸（厘米）	衣长62　袖长63　胸围90　肩宽35	
平均密度	20针 × 25行＝10cm²范围内	

编织简述

　　从下摆起针后环形向上织，减袖窿后，领口重叠挑针并分左右前片向上织，肩头缝合后，门襟依然向上织，至后脖正中时对头缝合；袖口起针后环形向上织，同时在袖腋处规律加针至腋下，减袖山后余针平收，与正身整齐缝合。

编织步骤

　　§1. 用8号针起180针环形织5厘米拧针双罗纹。

　　§2. 换6号针改织棋盘针，总长至40厘米时减袖窿，①平收腋正中10针，②隔1行减1针减5次。

　　§3. 距后脖22厘米时，取前片正中40针改织5厘米绵羊圈圈针后，再取正中20针按花纹织，同时在20针的背面再挑出20针同样织领边花纹，同时分左右片向上织，每片各30针。

　　§4. 前后肩头缝合后，左右门襟的各30针不缝，依然向上直织，至后脖正中时对头缝合形成后领。

　　§5. 袖口用8号针起44针环形织5厘米拧针双罗纹后，换6号针改织棋盘针，同时在袖腋处隔11行加1次针，每次加2针，共加9次，总长至51厘米时减袖山，①平收腋正中10针，②隔1行减1针减15次，余针平收，与正身整齐缝合。

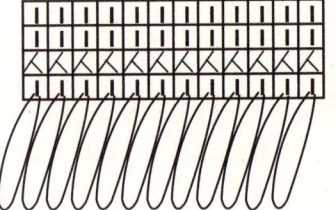

4行
3行
2行
1行

绵羊圈圈针

第一行：右食指绕双线织正针，然后把线套绕到正面，按此方法织第2针。
第二行：由于是双线所以2针并1针织正针。
第三、四行：织正针，并拉紧线套。
第五行以后重复第一到第四行。

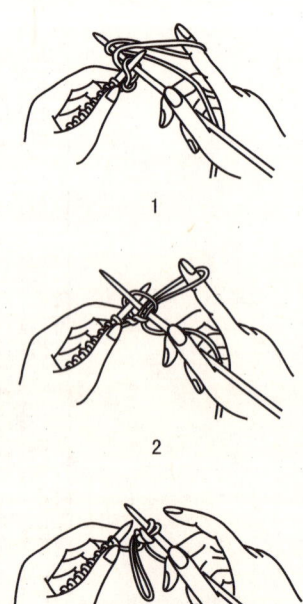

1

2

3

绵羊圈圈针

Tips

在领底分片织时，只重叠挑20针并改织领边花纹。

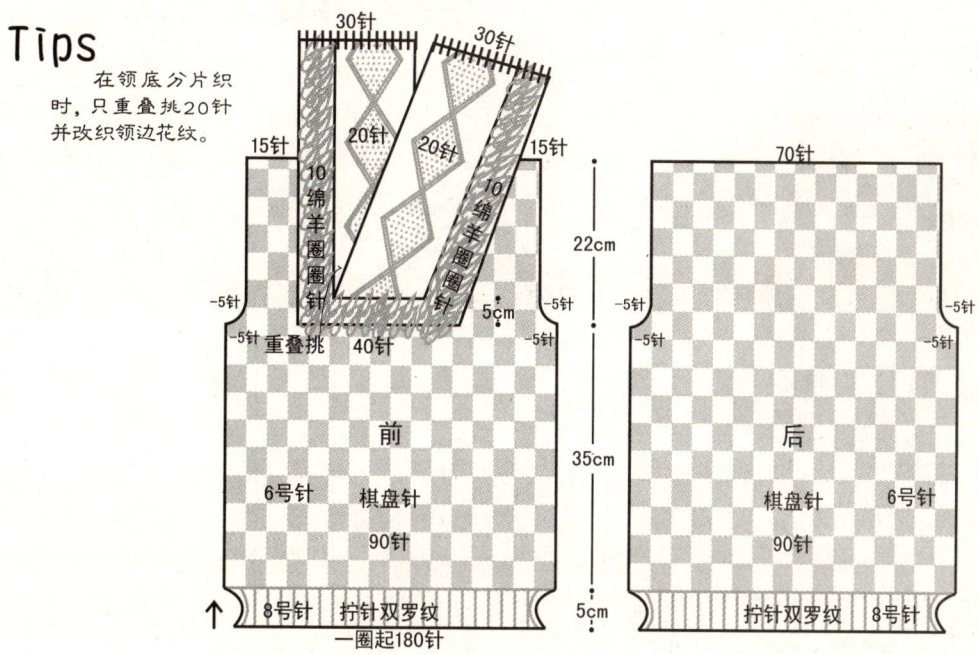

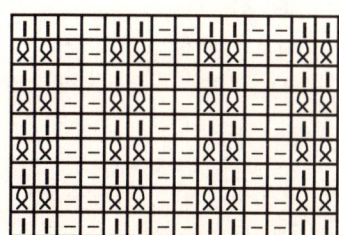

拧针双罗纹

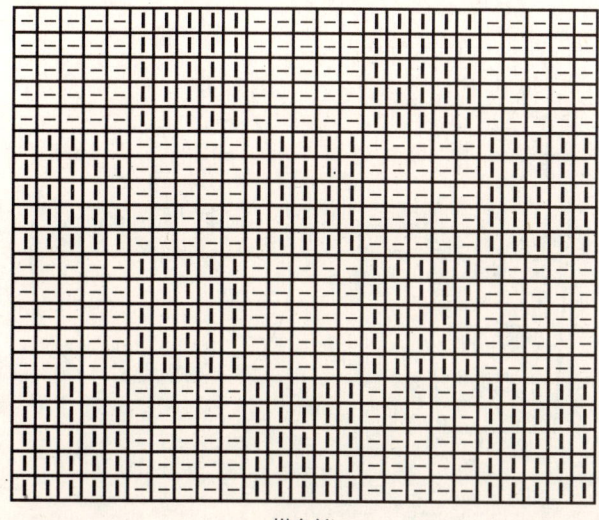

棋盘针

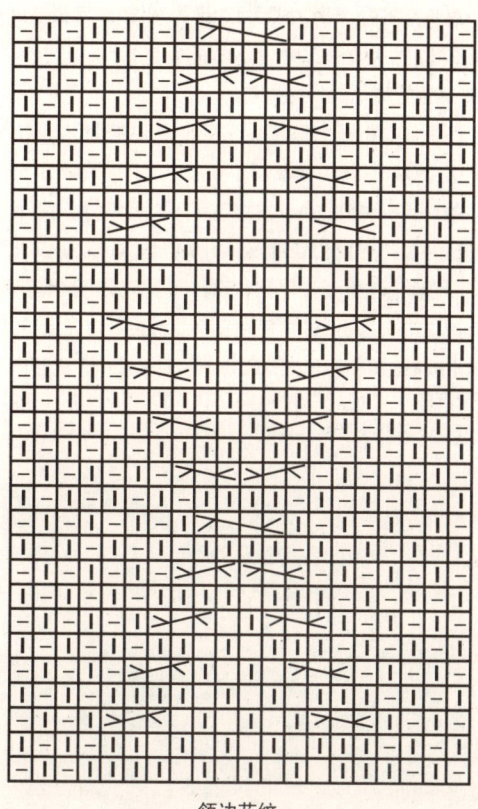

领边花纹

英式短上衣

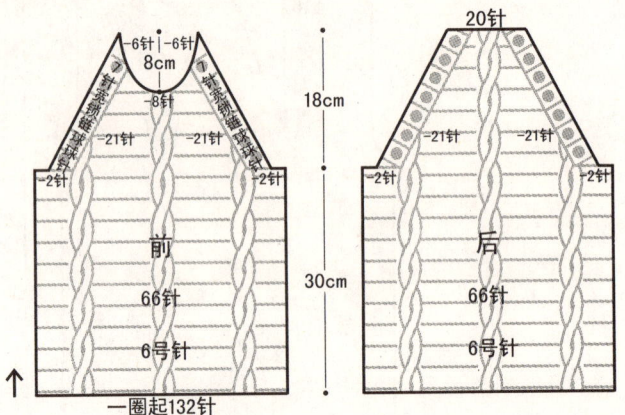

一圈起132针

材　料	用量（克）	工　具
275规格纯毛粗线	500	6号针、8号针
尺寸（厘米）	衣长48　袖长42（腋下至袖口）　胸围66	
平均密度	20针 × 24行 = 10cm² 范围内	

编织简述

　　从下摆起针后环形向上织，先减袖窿后减领口，完成前后片时，余针串好待织；另线起针环形向上织袖子，同时在袖腋处规律加针至腋下，减袖山后余针平收，与正身整齐缝合；最后将前后片及两袖余针合圈向上织领子。

编织步骤

§1. 用6号针起132针按排花环形向上织。

§2. 总长至30厘米时，前后片边沿的7针改织宽锁链球球针并减袖窿，①平收腋正中4针，②隔1行减1针减21次，这21针在7针宽锁链球球针的内侧减。

§3. 距后脖8厘米时减领口，①平收领正中8针，②隔1行减3针减1次，③隔1行减2针减1次，④隔1行减1针减1次。

§4. 袖口用6号针起34针按排花环形向上织，同时在袖腋处隔9行加1次针，每次加2针，共加10次，总长至42厘米时减袖山，①平收腋正中4针，②隔1行减1针减21次，余针不平收，将两袖与正身缝合后，前后片及两袖山余针形成领口，从此处挑出88针，用8号针环形织3厘米拧针单罗纹形成领子。

正身排花：

	6	12	6	12	6	
24 宽锁链针	麻花针	宽锁链针	麻花针	宽锁链针	麻花针	24 宽锁链针

6	12	6	12	6
麻花针	宽锁链针	麻花针	宽锁链针	麻花针

Tips

完成正身和两袖后，所有余针都不必平收，当袖与正身缝合后，自然形成领口。

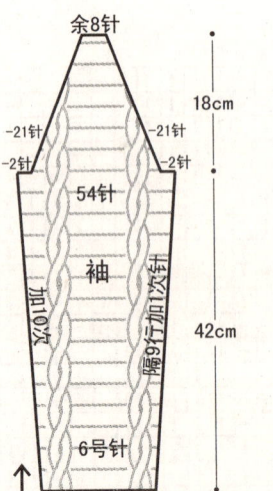

余8针

18cm

-21针　-21针

-2针　-2针

54针

袖

42cm

隔9行加1次针

6号针

起34针

袖子排花：

6	12	6
麻花针	宽锁链针	麻花针

10 宽锁链针

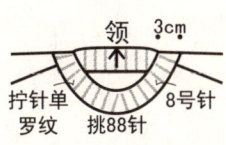

领 3cm
拧针单
罗纹　挑88针　8号针

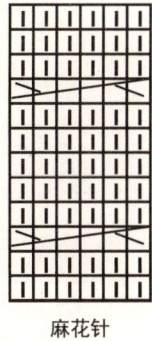

麻花针

拧针单罗纹

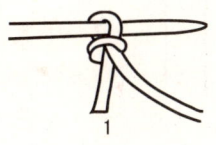

1

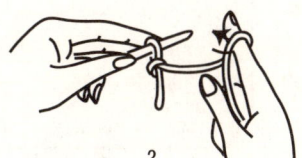

2

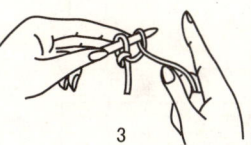

3

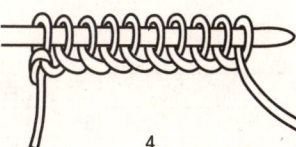

4

绕线起针法

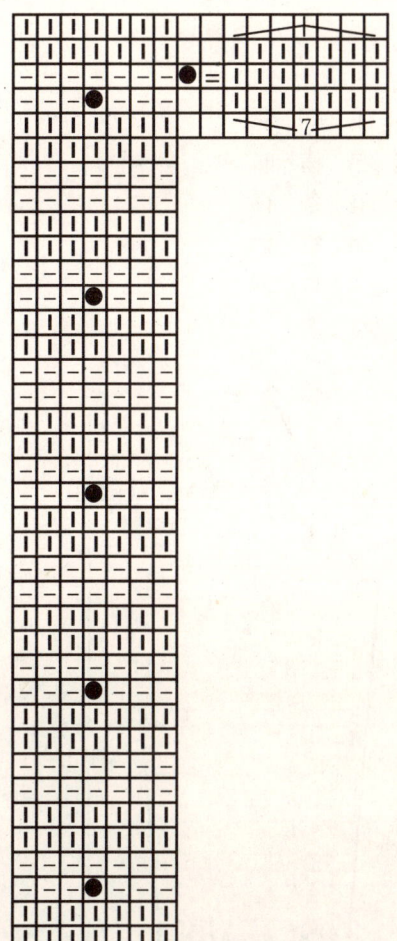

宽锁链球球针

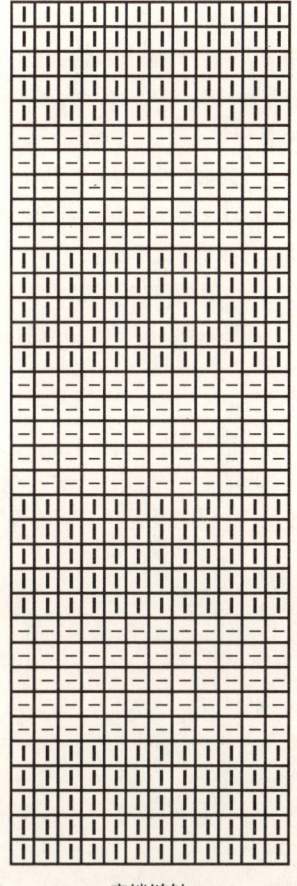

宽锁链针

经典英伦毛衣

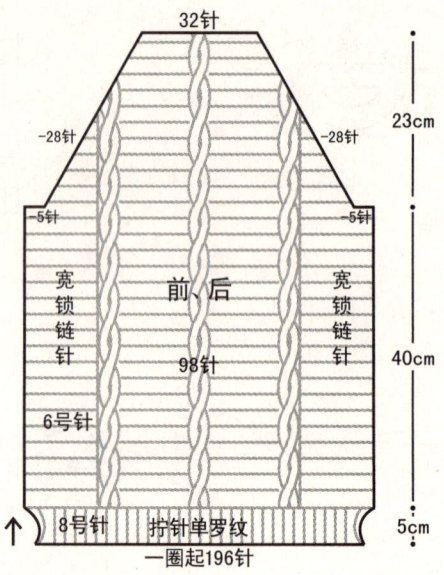

32针

-28针   -28针
23cm

-5针   -5针

宽锁链针   前、后   宽锁链针

98针   40cm

6号针

8号针   拧针单罗纹   5cm

一圈起196针

↑

材 料	用量（克）	工 具
280规格纯毛粗线	650	6号针、8号针
尺寸（厘米）	衣长68 袖长53（腋下至袖口） 胸围98	
平均密度	20针 × 25行 ＝ 10cm² 范围内	

编织简述

从下摆起针后环形向上织，至腋下后减袖窿，领口不必减针；两袖完成后，与正身缝合，最后将袖与正身余针串起向上环形织领子，最后收机械边形成领边。

编织步骤

§1. 用8号针起196针环形织5厘米拧针单罗纹。

§2. 换6号针按排花环形织40厘米后减袖窿，①平收腋正中10针，②隔1行减1针减28次，前后片减针方法相同。

§3. 袖口用8号针起54针环形织8厘米拧针双罗纹后，换6号针按排花环形向上织，同时在袖腋处隔9行加1次针，每次加2针，共加11次，总长至53厘米时减袖山，①平收腋正中10针，②隔1行减1针减28次，余针不必平收。

§4. 将两袖与正身缝合后，两肩与前后片余针串起，统一加至88针后，用8号针环形织4厘米拧针单罗纹后，收机械边形成领子。

正身排花：

6	20	6	20	6		
麻花针	横条纹针	麻花针	横条纹针	麻花针		
40横条纹针					40横条纹针	
6	20	6	20	6		
麻花针	横条纹针	麻花针	横条纹针	麻花针		

Tips

注意正身花纹中，麻花与横条纹之间无反针。

袖子排花：

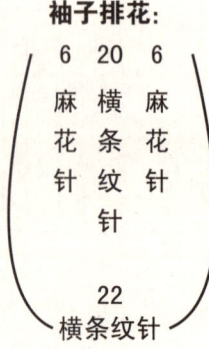

6　20　6
麻花针　横条纹针　麻花针

22
横条纹针

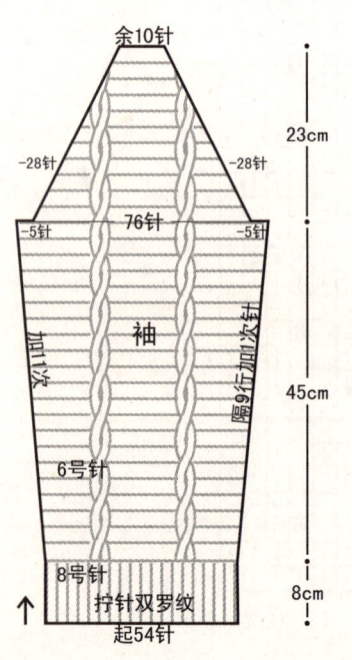

余10针

-28针   -28针
23cm

-5针   76针   -5针

加11次   袖   隔9行加1次针

6号针   45cm

8号针   拧针双罗纹   8cm
起54针   ↑

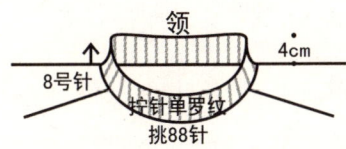

领

8号针

4cm

拧针单罗纹

挑88针

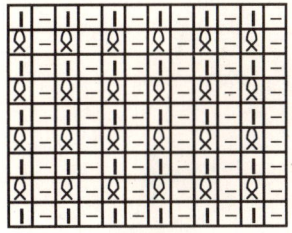

拧针单罗纹

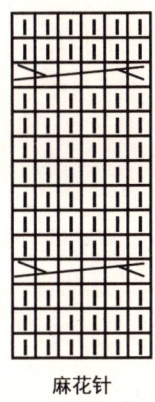

麻花针

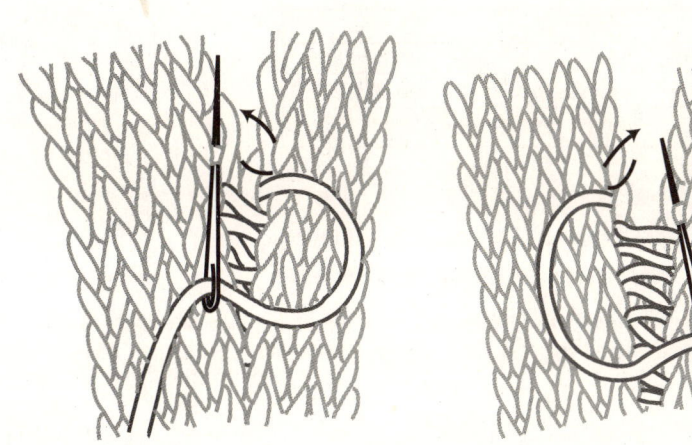

竖缝合方法

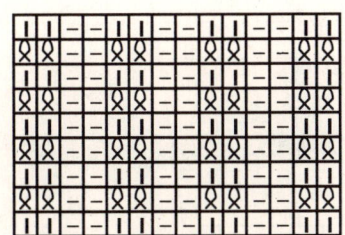

拧针双罗纹

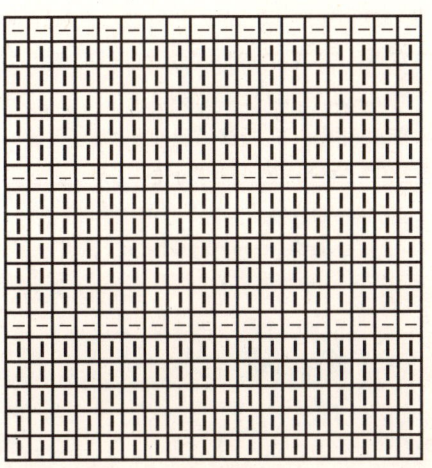

横条纹针

韩式披肩帽衫

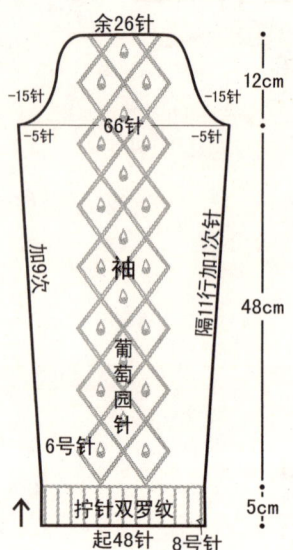

余26针

-15针　66针　-15针

-5针　　　　-5针

加9次　袖　隔11行加1次针

葡萄园针

6号针　48cm

12cm

拧针双罗纹

起48针　8号针　5cm

材　料	用量（克）	工　具
273规格纯毛粗线	800	6号针、8号针
尺寸（厘米）	衣长70　袖长65　胸围126　肩宽37	
平均密度	21针 × 25行 = 10cm² 范围内	

编织简述

　　从下摆起针后整片向上织，只减袖窿，不必减领口，其余向上直织。前后肩头缝合后，按标注数字挑织帽子；袖口起针后按花纹环形向上织，同时在袖腋处规律加针至腋下，减袖山后余针平收，与正身整齐缝合。

编织步骤

§1. 用8号针起266针往返织5厘米拧针双罗纹。

§2. 换6号针按排花向上直织，总长至47厘米时减袖窿，①平收腋正中10针，②隔1行减1针减5次。

§3. 总长至70厘米时，取前后片各26针缝合肩头。

§4. 用6号针从后脖挑26针，左右各挑20针合成66针后，统一加至82针往返织宽锁链针，同时在其正中取2针做加针点，在加针点的左右隔1行加1针共加5次，整片共92针向上织，总长至35厘米时对折从内部缝合形成帽子。

§5. 袖口用8号针起48针环形织5厘米拧针双罗纹后，换6号针按排花向上织，同时在袖腋处隔11行加1次针，每次加2针，共加9次，总长至53厘米时减袖山，①平收腋正中10针，②隔1行减1针减15次，余针平收，与正身整齐缝合。

袖子排花：

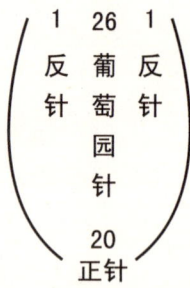

1　26　1

反　葡　反

针　萄　针

园

针

20

正针

对折缝合

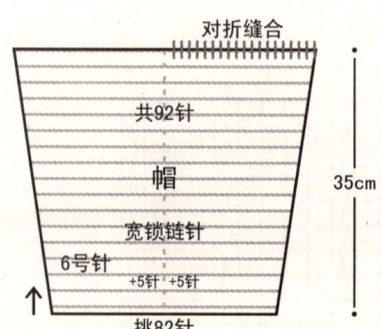

共92针

帽

宽锁链针

6号针　+5针　+5针

挑82针

35cm

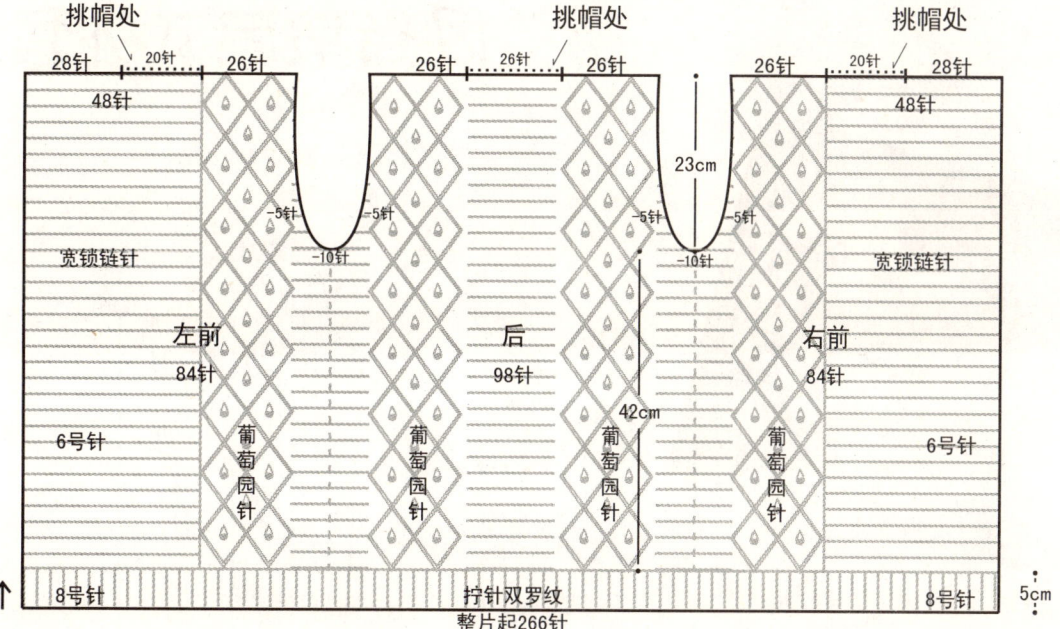

挑帽处　　　　　　　　　　挑帽处　　　　　　　　挑帽处

28针　　20针　　26针　　　26针　　26针　　26针　　　26针　　20针　　28针

48针　　　　　　　　　　　　　　　　　　　　　　　　　　48针

宽锁链针　　　　　　　-5针　-5针　　　　　-5针　-5针　　　宽锁链针
　　　　　　　　　　　　-10针　　23cm　　-10针

左前　　　　　后　　　　　　　　　右前
84针　　　　　98针　　　42cm　　　84针

6号针　　葡萄园针　　葡萄园针　　葡萄园针　　葡萄园针　　6号针

↑　8号针　　　　　拧针双罗纹　　　　　8号针　　　　5cm
　　　　　　　　整片起266针

整体排花:

48	1	26	1	20	1	26	1	22	1	26	1	20	1	26	1	48
宽锁链针	反针	葡萄园针	反针	宽锁链针	反针	葡萄园针	反针	宽锁链针	反针	葡萄园针	反针	宽锁链针	反针	葡萄园针	反针	宽锁链针

Tips

门襟的边针可以挑
下不织,从第2针织起;
但需要挑针或缝合的边
沿必须从第1针织起。

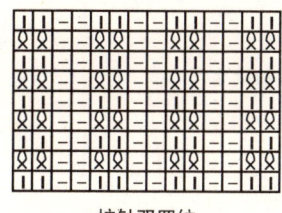

拧针双罗纹

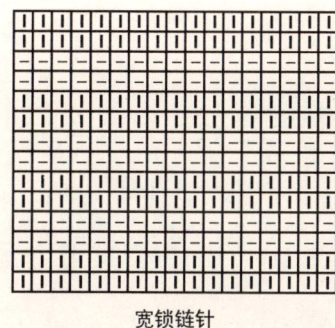

宽锁链针

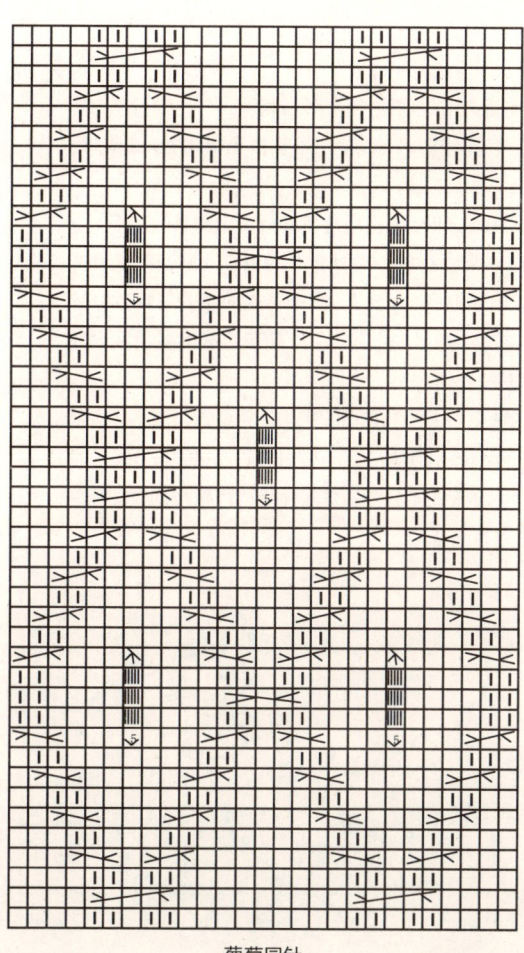

葡萄园针

sweet couple

风尚披肩式外套

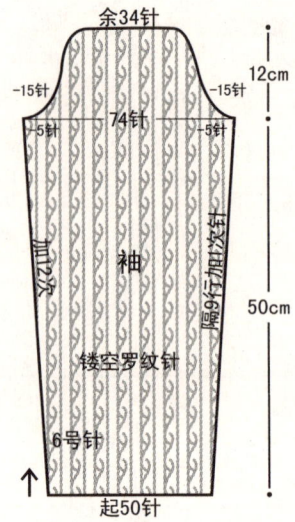

余34针
12cm
-15针   -15针
74针
-5针   -5针
加12次
袖
隔9行加1次针
50cm
镂空罗纹针
6号针
起50针

材　料	用量（克）	工　具
273规格纯毛粗线	800	6号针
尺寸（厘米）	衣长70 袖长62 胸围133 肩宽33	
平均密度	20针 × 25行 = 10cm^{2}范围内	

编织简述

　　从下摆起针后按花纹整片向上织，只减袖窿，其余向上直织。前后肩头缝合后，按要求挑织帽子；袖口起针后环形向上织，同时在袖腋处规律加针至腋下，减袖山后余针平收，与正身整齐缝合。

编织步骤

　　§1. 用6号针起266针往返织横条纹针。

　　§2. 总长至47厘米时减袖窿，①平收腋正中10针，②隔1行减1针减5次。

　　§3. 总长至70厘米时，取前后片各20针缝合肩头。

　　§4. 取后脖26针，左右各28针合成82针向上往返织帽片，同时在其正中取2针做加针点，在加针点的左右隔1行加1针共加5次，整片共92针向上织，总长至35厘米时对折从内部缝合形成帽子。

　　§5. 袖口用6号针起50针环形织镂空罗纹针，同时在袖腋处隔9行加1次针，每次加2针，共加12次，总长至50厘米时减袖山，①平收腋正中10针，②隔1行减1针减15次，余针平收，与正身整齐缝合。

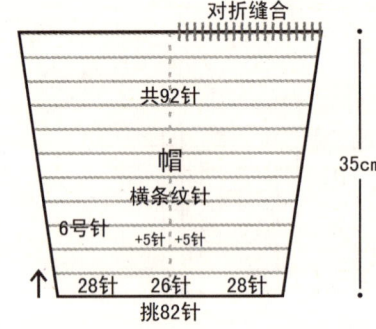

对折缝合
共92针
帽
横条纹针
35cm
6号针   +5针 +5针
28针   26针   28针
挑82针

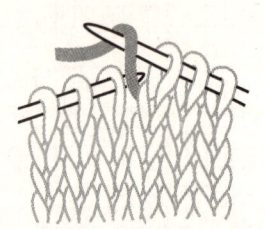
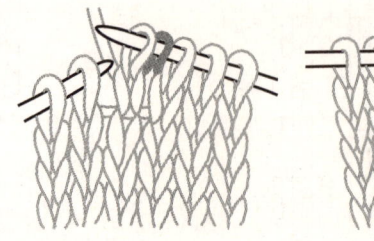
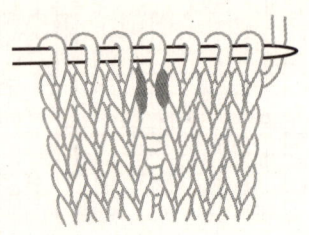

空加针方法

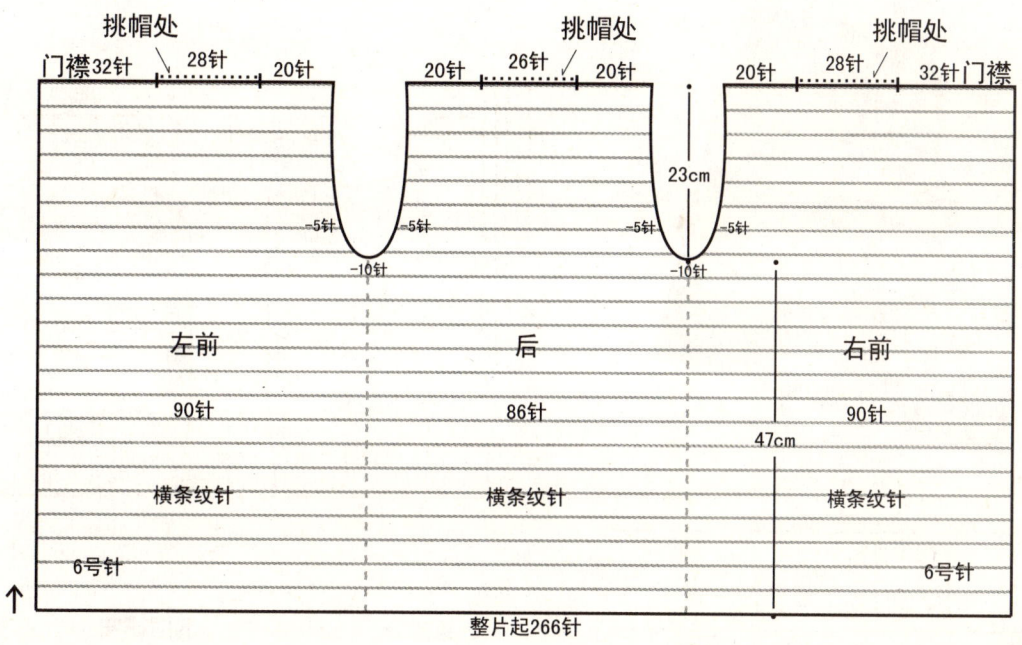

挑帽处　　　　　　挑帽处　　　　　　挑帽处

门襟32针　28针　20针　　20针　26针　20针　　20针　28针　32针门襟

−5针　−5针　　−5针　−5针

23cm

−10针　　　　−10针

左前　　　　　　后　　　　　　右前

90针　　　　　　86针　　　　　　90针

47cm

横条纹针　　　　横条纹针　　　　横条纹针

6号针　　　　　　　　　　　　　　6号针

整片起266针

Tips

缝合肩头及挑织帽子时注意看清标注数字。

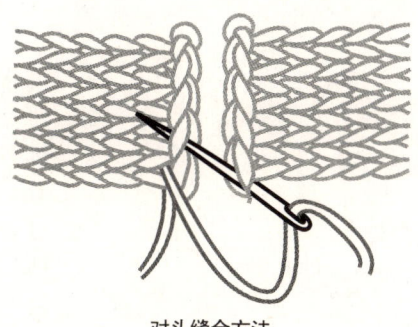

对头缝合方法

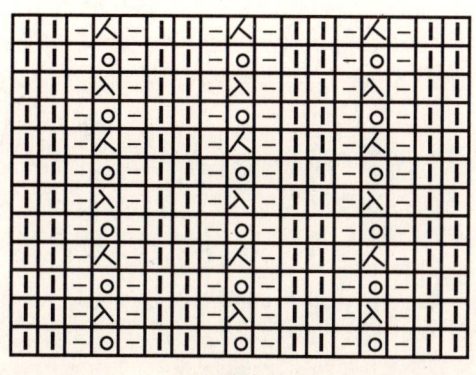

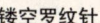

镂空罗纹针

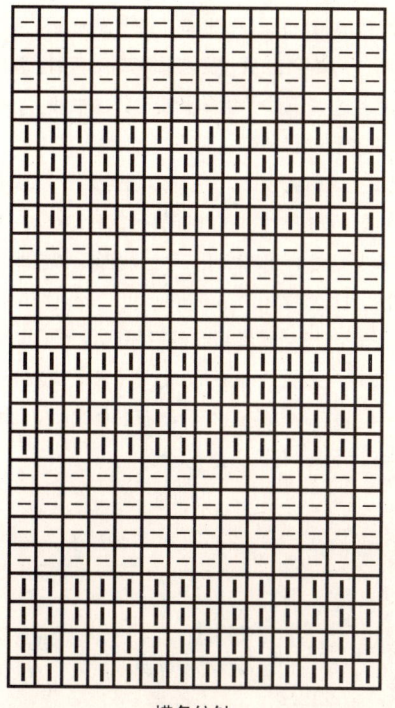

横条纹针

皮草风尚高腰上衣

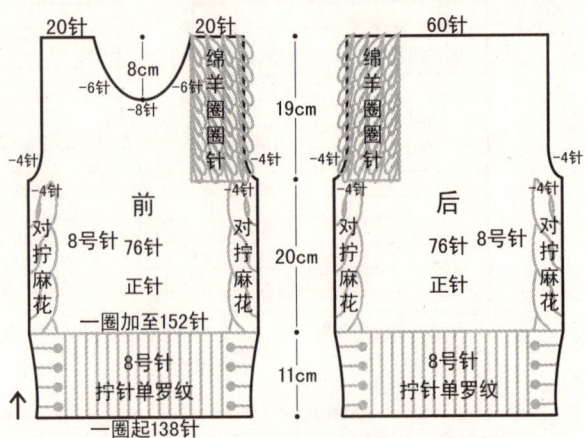

20针　20针　　　　60针

绵羊圈圈针　　绵羊圈圈针

-6针　-6针　　　　　-4针　　　　　　　-4针　-4针

8cm
-8针

19cm

前　　　　　　后

8号针 76针　　　76针 8号针

对拧麻花　正针　　　正针　对拧麻花

20cm

一圈加至152针

8号针　　　　8号针
拧针单罗纹　　拧针单罗纹

11cm

一圈起138针

材　料	用量（克）	工　具
273规格纯毛粗线	500	6号针、8号针
尺寸（厘米）	衣长50　袖长56　胸围69　肩宽27	
平均密度	22针×26行=10cm²范围内	

编织简述

　　从下摆起针后环形向上织，减袖窿的同时左肩改织绵羊圈圈针，领口减针后向上织相应长后缝合前后肩头，然后挑织领子；袖口起针后按排花环形向上织，同时在袖腋处规律加针至腋下，减袖山后余针平收，与正身整齐缝合。

编织步骤

§1. 用8号针起138针按排花环形向上织11厘米形成下摆。

§2. 不换针统一加至152针按正身排花向上直织，总长至31厘米时，前后片左肩部改织绵羊圈圈针并减袖窿，①平收腋正中8针，②隔1行减1针减4次。

§3. 距后脖8厘米时减领口，①平收领正中8针，②隔1行减3针减1次，③隔1行减2针减1次，④隔1行减1针减1次。前后肩头缝合后，从领口处挑出88针用8号针环形织10厘米拧针单罗纹后收机械边形成高领。

§4. 袖口用8号针起33针按排花环形织20厘米后，换6号针改织正针，同时在袖腋处隔9行加1次针，每次加2针，共加6次，总长至44厘米时减袖山，①平收腋正中8针，②隔1行减1针减13次，余针平收，与正身整齐缝合。

正身排花：
60
正针
16　16
对拧　对拧
麻花　麻花
花针　花针
　　　60
　　　正针

下摆排花：
55
拧针单罗纹
14　14
双排扣　双排扣
花纹　花纹
55
拧针单罗纹

Tips

注意服装全身用8号针编织。

领

拧针单罗纹　　10cm

8号针

挑88针

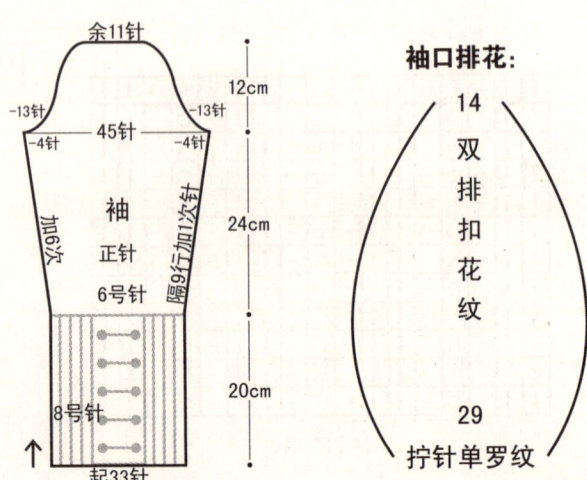

余11针

-13针　　　-13针

-4针　45针　-4针

12cm

袖

正针　加6次

6号针　隔9行加1次针

24cm

8号针

起33针

20cm

袖口排花：
14
双排扣花纹
29
拧针单罗纹

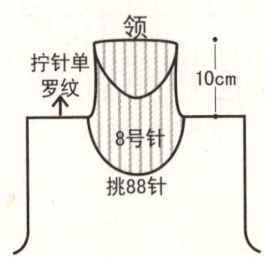

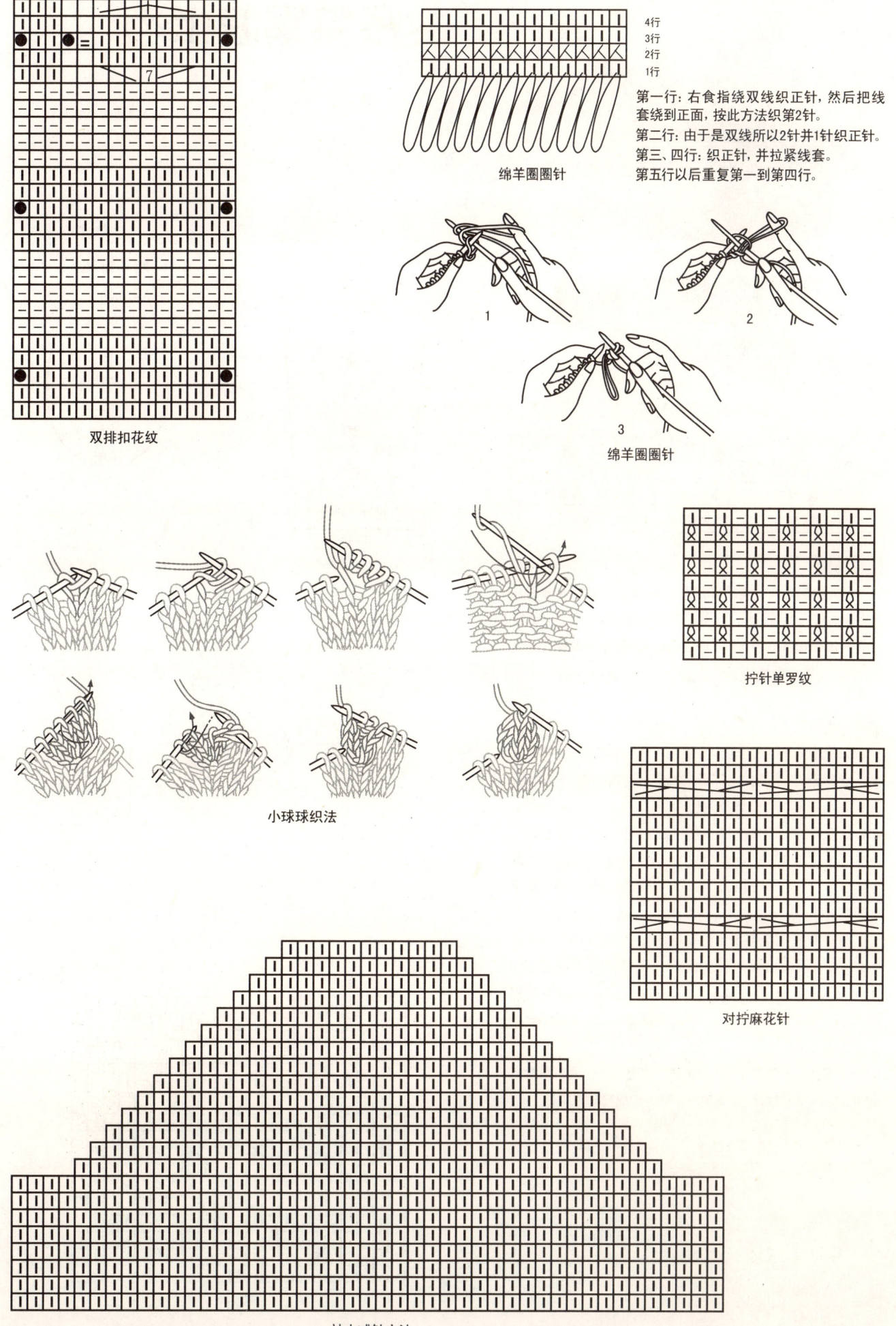

双排扣花纹

绵羊圈圈针

4行
3行
2行
1行

第一行：右食指绕双线织正针，然后把线套绕到正面，按此方法织第2针。
第二行：由于是双线所以2针并1针织正针。
第三、四行：织正针，并拉紧线套。
第五行以后重复第一到第四行。

1
2
3

绵羊圈圈针

拧针单罗纹

对拧麻花针

小球球织法

袖山减针方法

怀特军装上衣

材 料	用量（克）	工 具
278规格纯毛粗线	650	6号针、8号针
尺寸（厘米）	衣长62 袖长65 胸围96 肩宽35	
平均密度	20针 × 25行 = 10cm² 范围内	

编织简述

　　从下摆起针后按花纹环形向上织，先减袖窿后减领口，前后肩头缝合后挑织领子；袖口起针后环形向上织，同时在袖腋处规律加针至腋下，减袖山后余针平收，与正身整齐缝合，最后挑织肩章搭扣。

编织步骤

§1. 用8号针起192针环形织12厘米拧针单罗纹。

§2. 换6号针按排花向上环形织28厘米后减袖窿，①平收腋正中10针，②隔1行减1针减8次。

§3. 距后脖8厘米时减领口，①平收领正中14针，②隔1行减3针减1次，③隔1行减2针减2次，④隔1行减1针减1次。前后肩头缝合后，从领口挑出92针用8号针环形织12厘米拧针双罗纹后收机械边。

§4. 袖口用8号针起48针环形织10厘米拧针单罗纹后，换6号针按排花向上织25厘米后改织正针，换6号针的同时在袖腋处隔11行加1次针，每次加2针，共加9次，总长至53厘米时减袖山，①平收腋正中10针，②隔1行减1针减15次，余针平收，与正身整齐缝合。

§5. 从肩部袖与正身缝合处用6号针挑出15针往返织18厘米宽锁链球球针后收针，并固定于领根处形成肩章搭扣。

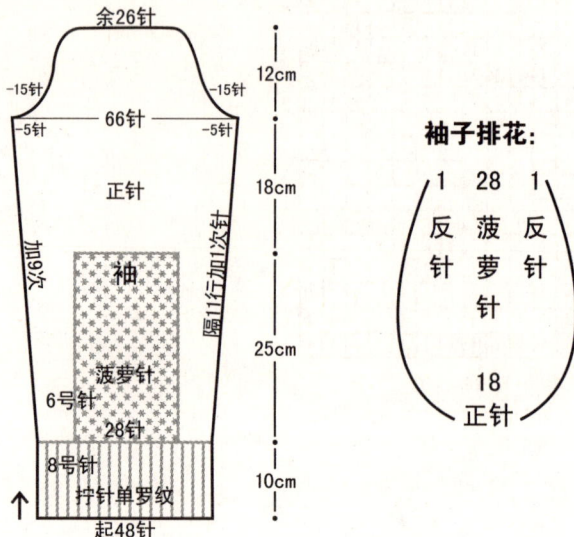

袖子排花：

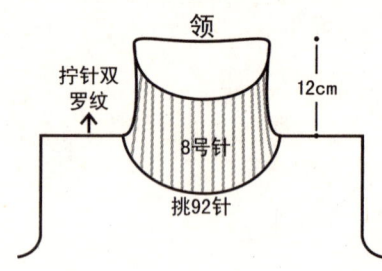

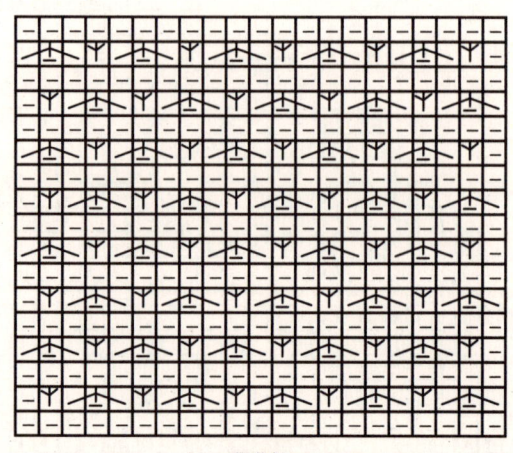

菠萝针

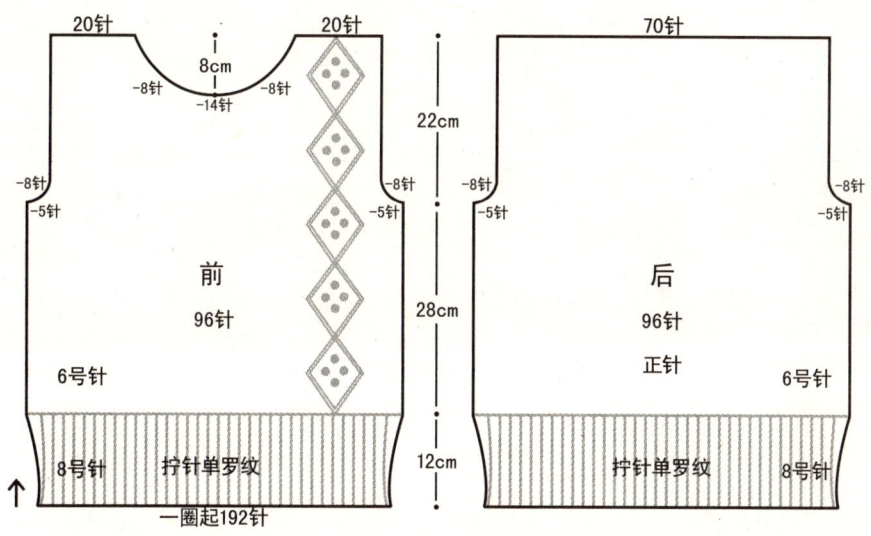

20针　　　　20针
8cm
−8针　−8针
−14针

−8针　　　　　−8针
−5针　　　　　−5针

前
96针

6号针

8号针　拧针单罗纹

一圈起192针

22cm

28cm

12cm

70针

−8针　　　　　−8针
−5针　　　　　−5针

后
96针
正针

6号针

拧针单罗纹　8号针

拧针单罗纹

肩章:

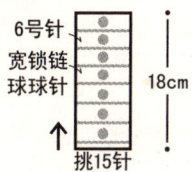

6号针
宽锁链
球球针

18cm

挑15针

正身排花:

前片

63　1　15　1　16

正　反　四　反　正
针　针　季　针　针
　　　豆
　　　菱
　　　形
　　　针

96
正针
后片

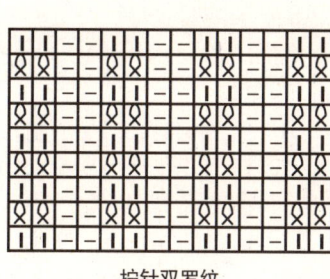

拧针双罗纹

Tips

从肩头挑织
肩章搭扣时注意
整齐。

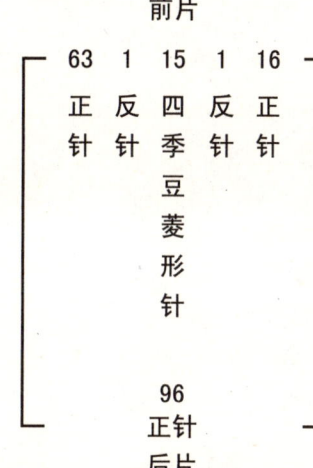

四季豆菱形针

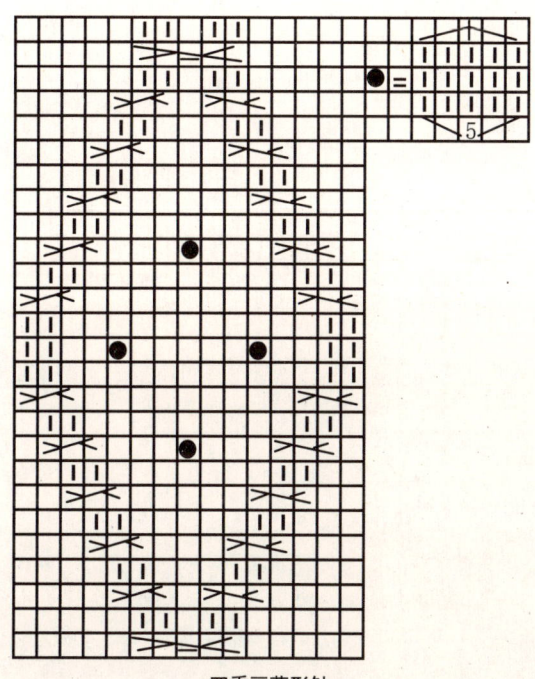

四季豆菱形针

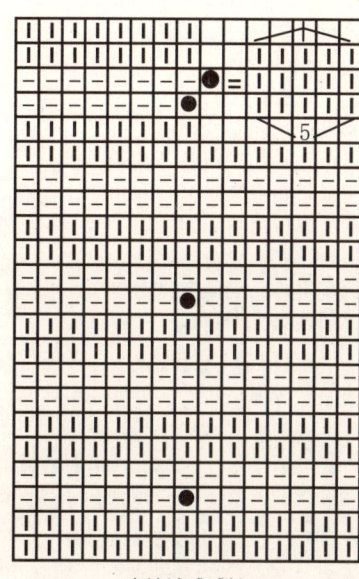

宽锁链球球针

图书在版编目（CIP）数据

甜蜜情侣系 / 王春燕著. —沈阳：辽宁科学技术出版
社，2012.1
（我的美丽编织）
ISBN 978-7-5381-7251-5

Ⅰ.①甜… Ⅱ.①王… Ⅲ.①毛衣－编织－图集 Ⅳ.①
TS941.763-64

中国版本图书馆CIP数据核字（2011）第252726号

出版发行：辽宁科学技术出版社
　　　　　（地址：沈阳市和平区十一纬路29号　邮编：110003）
印 刷 者：沈阳市北陵印刷厂有限公司
经 销 者：各地新华书店
幅面尺寸：210mm×285mm
印　　张：9
字　　数：100千字
印　　数：1~5000
出版时间：2012年1月第1版
印刷时间：2012年1月第1次印刷
责任编辑：赵敏超
封面设计：央盛文化
版式设计：央盛文化
责任校对：李淑敏

书　　号：ISBN 978-7-5381-7251-5
定　　价：29.80元

投稿热线：024-23284367　473074036@qq.com
邮购热线：024-23284502
http://www.lnkj.com.cn
本书网址：www.lnkj.cn/uri.sh/7251